아산재단 연구총서 제409집

아동 섭식행동평가 척도 표준화 및 섭식문제 현황 조사

아동 섭식행동평가 척도 표준화 및 섭식문제 현황 조사

This Edition was published by Jipmoondang Publishing Co. in 2016, Seoul, Korea

아산재단 연구총서 第409집

아동 섭식행동평가 척도 표준화 및 섭식문제 현황 조사

정 경 미

집문당

정경미(KyongMee Chung) 연세대학교 심리학과 졸업
연세대학교 대학원 심리학과 졸업
Johns Hopkins 대학교 박사 후 과정
Columbia 의과대학교 임상강사
현재 연세대학교 심리학과 교수
〈역서〉 잘 안먹는 우리아이 다루기, 잘 안자는 우리아이 다루기,
소아청소년 심리치료, 충동과 자기관리 등

아산재단 연구총서 제409집

아동 섭식행동평가 척도 표준화 및 섭식문제 현황 조사

2016년 12월 20일 1판 1쇄

저 자 | 정경미
발행인 | 임동규
발행처 | **집문당**
등 록 | 1971. 3. 23. 제300-2012-69호
영업부 | 10881 경기도 파주시 광인사길 85
(02)743-3192~3 팩스(02)742-4657
전자우편 | sale@jipmoon.co.kr
편집부 | 03134 서울시 종로구 돈화문로 82 집문당빌딩 5층
(02)743-3096~7 팩스(02)743-0227
전자우편 | edit@jipmoon.co.kr
홈페이지 | www.jipmoon.co.kr

편 집 | 심하나
디자인 | 임용우

ISBN 978-89-303-1738-2
978-89-303-1500-5(세트)

가격 13,000원

이 도서의 국립중앙도서관 출판시도서목록(CIP)은 e-CIP홈페이지(http://www.nl.go.kr/ecip)와 국가자료공동목록시스템(http://www.nl.go.kr/kolisnet)에서 이용하실 수 있습니다.
(CIP제어번호: CIP2016027614)

머리말

아이가 태어나면서부터 스스로 할 수 있는 가장 본능적이고 가장 중요한 일은 생명유지를 위해서 스스로 음식을 섭취하는 것이고, 대다수의 아이들에게 섭식은 큰 문제가 되지 않는다. 그러나 일부 아동들은 음식거부, 편식, 수분과다섭취, 씹기 문제 등에서 과식 및 폭식에 이르기까지 다양한 섭식문제를 보이고, 이런 문제들은 전문가의 도움 없이는 저절로 해결되지 않을 수 있다. 섭식문제는 신체 인지 발달에 직접적인 영향을 줄 뿐 아니라 간접적으로는 정서발달에까지, 그리고 장기적으로는 성인기 건강에도 지대한 영향을 줄 수 있기 때문에 보호자들에게는 매우 중요하게 해결해야 할 과제이다.

아동기 섭식문제는 아동기에 가장 빈번하게 발생하는 문제 중 하나이며, 실제로 섭식문제에 대해 대중매체를 통한 전문가의 의견이나 지침서나 전문서적들은 쉽게 찾아볼 수 있다. 그러나 안타까운 사실은 이런 지침서가 근거하고 있는 이론이나 연구의 부재이다. 실제로 국내 데이터베이스를 대상으로 섭식 관련 문헌조사를 해 보면, 아동의 섭식 관련 연구를 찾아보기 어렵다. 섭식문제에 대한 기본 연구, 즉 얼마나 많은 아동들이 어떤 섭식문제를 보이며, 어떤 치료를 받고 어떤 예후를 보이는지에 대한 정보는 물론이고, 국내에서 아이들이 보이는 섭식문제에 어떤 방법이 효과적인지에 대한 치료효과연구가 극히 한정되었다는 사실이 놀랍지 않다. 아동 섭식문제에 대한 비효과적인 접근방식은 섭식문제를 악화시킬 뿐 아니라, 부모-자녀 관계를 악화시킬 수 있고, 성인기에 보이는 각종 질환과 관련되기 때문에 이에 대한 연구가 시급하다.

본서에서는 아동들의 섭식문제에 대한 체계적인 접근방법의 일환으로 먼저 아동기 섭식문제의 평가에 가장 많이 쓰이는 3가지 도구를 선정하여 한국판을 개발하는 데 초점을 맞추었다. 평가도구의 대표성을 높이기 위해 전국 단위로 자료를 수집하였고, 다양한 분석 방법은 물론 직접적인 국제 비교를 통해 도구의 일반화를 추구하였다. 마지막으로, 이 과정을 통해 개발된 한국판 섭식문제 측정도구의 심리측정적 지표·수렴 및 변별 타당도를 보여주기 위해, 섭식문제가 빈번하게 보고되는 발달장애아동과 정상아동의 수행을 직접 비교하였다. 이 평가도구들은 심리측정적으로 우수한 도구임이 밝혀졌고, 추후에 국내 아동의 섭식문제에 대한 전반적인 상태와 특성을 알려줄 뿐 아니라, 개개 아동들의 섭식문제를 평가하는 데 유용하게 사용될 것이다.

본서의 마지막에는 본 연구의 결과뿐 아니라 지난 1년 6개월 동안 아동기 섭식 관련 연구를 진행하면서 얻은 지식과 경험을 바탕으로 아동기 섭식문제를 어떻게 다룰 것인가에 대해 정리하였다. 비록 치료방법의 효과성에 대해서는 추후 보다 체계적이고 조직적인 연구가 필요하지만, 적어도 이 연구 결과는 아동기 섭식문제 연구의 시발점이 될 것이며 앞으로 진행되어야 할 연구에 방향을 제시할 것이다.

본서의 출판에 앞서 이 주제에 대한 연구를 가능하게 해 준 아산사회복지재단의 지원에 진심으로 감사드린다. 이 연구 수행이 가능했던 것은 길고 지루한 설문지를 작성해 주신 부모님들 덕이다. 연구 참여가 쉽지 않은 결정이었음에도 흔쾌히 승낙해 주신 많은 부모님들, 그리고 부모님을 설득해 주신 유아원과 유치원 및 학교의 선생님들에게 깊은 감사를 드린다. 특히, 서울특별시 시립 어린이 병원 행동치료실에서 근무하는 행동치료사 선생님들의 도움이 아니었으면, 발달장애를 둔 부모님의 협조를 얻어 설문을 작성하기 어려웠을 것이다. 이 과정을 도와주신 여러 치료사 선생님들, 특히 원장 선생님께 감사의 인사를 드린다. 2,000명도 넘게 수집한 자료 코딩과 분석 그리고 설문 결과지 작성을 성실하고 믿음직하게 처리해 준 연세대학교 심리학과 행동수정연구실의 학부생 및 대학원생 조교들도 이 과제 수행에서 큰 역할을 차지하였다. 이들의 큰 도움으로 자료정리가 원만하게 수행되었음을 알리고 싶다. 그리고 무엇보다도 연구 과제 진행이 원활하게 이루어지고 시간과 열정을 쏟을 수 있도록 적극적인 지원을 아끼지 않으신 내 가족 모두에게 감사드린다.

2015년 진짜 겨울 같은 겨울에
연세동산에서 정경미

| 차　례 |

제1장 아동기 섭식문제의 개괄

제2장 소아청소년 섭식척도 개발

제3장 섭식문제를 보이는 아동 사례

| 표 차례 |

| 그림 차례 |

제1장
아동기 섭식문제의 개괄

제1장 아동기 섭식문제의 개괄

1) 아동기 섭식문제의 현황

섭식문제는 아동기에 발생하는 여러 행동 문제 중 가장 보편적으로 일어나는 현상이다. 아동기 섭식문제는 유아기부터 초기 학령기까지 흔하게 발생하는 것으로 알려져 있다(Mayes & Volkmar, 1993). 아동청소년기 섭식문제의 유병률에 대한 연구를 살펴보면, 연구 대상과 연구 방법에 따라 조금씩 차이는 있으나 대체적으로 정상발달아동의 약 25~45%가 섭식문제를 보이는 것으로 나타났다(Coolbear & Benoit, 1999; Manikam, & Perman, 2000). 우리나라의 소아청소년 섭식문제의 경우도 예외는 아닌데, 최근 한 연구에서 섭식문제의 유병률을 파악하기 위해 소아과 외래에 방문한 부모를 대상으로 조사한 결과, 43.3%의 부모가 본인의 아동에게 섭취문제가 있다고 보고하였으며, 5%의 부모는 전문가의 도움이 필요하다고 보고하였다(김혜진, 정경미, 박미정, 최연호, 2008).

다행스럽게도, 정상발달아동의 경우 아동기에 일시적으로 섭식문제를 경험하기는 하지만 시간이 지남에 따라 자연스럽게 사라진다(Coolbear & Benoit, 1999; Manikam & Perman, 2000). 그러나 정상 발달하는

〈그림 1-1〉 아동기 섭취문제의 발달 양상

아동들 중 약 3~10% 정도는 심각한 수준의 섭식장애를 가지게 되며(Butler & Golding, 1986), 최근에 의학 기술의 발달로 저체중 및 출산 시 건강상의 문제가 있었던 아동의 생존율이 늘어남에 따라 섭식장애의 유병률은 증가하는 추세이다(Babbit, Hoch, & Coe, 1994; Batshaw, 2002). 또 다른 섭식의 문제는 비만으로, 우리나라도 약 10~15%의 유병률을 보인다(보건복지부, 2005). 더 문제가 되는 것은, 전 세계적으로는 물론(Flegal, Tabak, & Ogden, 2006; Zametkin, Zoon, Klein, & Munson, 2004), 국내에서도 소아 비만이 급격하게 증가하고 있다는 것이다(보건복지부, 2005). 〈그림 1-1〉은 아동기 섭식문제의 진행과정을 보여준다.

2) 발달장애아동들의 섭식문제

아동기 섭식문제는 발달장애아동에서 더 심각하고 빈번하게 관찰되는데, 연구마다 다소 다르기는 하지만 약 80% 이상의 발달장애아동들이 섭식문제를 보이며(Allison et al., 2009; Bax, 1989), 정상 발달하는 아동과는 달리 성인이 되어서도 그 문제가 사라지지 않는다고 한다(Perske, Clifton, McLean, & Stein, 1977). 이는 발달장애아동이 가지는 특징 때문인데, 이들은 주로 음식의 질감이나 종류, 식사 도구, 식사 환경의 변화에 민감하다(Babbitt, Hoch, Coe, Cataldo et al., 1994). 또한 식사 중 음식 회피, 거절, 흥분, 감정 폭발 등과 같은 행동문제를 빈번하게 나타내기 때문에 식사활동을 방해하고 충분한 영양공급을 어렵게 한다(Luiselli, Evans, & Boyce, 1985).

발달장애아동이 보이는 심각한 섭식문제는 그 심각성에도 불구하고 유병률이나 문제의 종류, 심각도, 지속 여부 등 발달장애아동의 섭식문제의 차별화된 특징을 검증한 연구는 드물다(Schreck, Williams, & Smith, 2004). 지금까지 연구들은 질병 특정적으로 진행되었는데, 주로 자폐증(박영숙, 1998; Matson, Fodstad, & Dempsey, 2009; Martins, Young, & Robson, 2008; Schreck et al., 2004), 발달장애(김은경, 안성연, 김은미, 허경자, 김은경, 2003), 뇌성마비(Gangil, Patwari, Aneja, Ahuja, & Anand, 2001), 다운증후군(Collins et al., 2003; Duff, Wolfe, Dickson, Conway, & Brownlee, 2003)이 그 대상이었다. 연구들은 자폐증이 있는 아동들은 정상아동과 비교해, 음식의 종류나 질감 등에 민감하여 편식이 심하고 식사 중 의식적인 행동(ritual behavior)을 많이 한다고 보고한다(박영숙, 1998; Martins et al., 2008; Matson et al., 2009; Schreck et al., 2004). 발달장애아동의 경우에는 과식이 많고, 오래 식사를 하며, 독립적인 식사 능력이 부족한 것으로 나타났다(김은경, 안성연, 김은미, 허경자, 김은경, 2003). 뇌성마비 아동의 경우에는 씹기 문제가 더욱 심각하고(Gangil et al., 2001) 다운증후군 아동은 부적절한 문제행동을 더 많이 나타내는 것으로 확인되었다(Collins et al., 2003; Duff et al., 2003). 조사된 연구들에서 공통적으로 발달장애아동이 정상아동보다 섭식문제가 더욱 심각한 것으로 나타나, 발달장애아동의 심각한 섭식문제가 문화적 배경과 상관없는 보편적인 현상임을 확인할 수 있다

(Brazelton, 1992; Kedesdy & Budd, 1998).

특히, K-CEBI(Korean-Children Eating Behavior Inventory; Archer, 1991)라고 하는 표준화된 섭식문제 측정도구를 이용하여 두 집단을 비교한 국내 연구(이어진, 정경미, 진혜경, 2010)는 주목할 만한데, 발달장애와 정상아동의 섭식문제에 대해 많은 정보를 제공해 준다. 먼저, 발달장애를 가진 부모들은 섭식문제 유무를 묻는 간단한 질문에서 정상 발달 부모보다 2배 많은 66%가 섭식문제를 보고하였고, K-CEBI를 통해 조사한 섭식문제의 심각도에서는 정상아동에 비해 5배나 높다고 평가하였다. 발달장애나 정상발달아동의 부모가 보고한 가장 큰 섭식문제는 편식(24.8%), 식사 중 문제행동(16.8%) 등으로 그 종류에서는 차이가 없었으나, 발달장애아동은 여러 가지 문제를 중복으로 보이는 반면 정상 발달하는 아동은 다양한 문제를 조금씩 보이는 양상이 보고되었다.

3) 섭식문제의 종류 및 진단

국내에서 정신장애 진단 기준으로 사용하고 있는 정신장애 진단편람(Diagnostic and Statistical Manual for Mental Disorder 제4판(DSM-IV-TR; APA, 2000)에는 유아기 또는 초기 소아기의 급식 및 섭식장애(Feeding and eating disorders of infancy or early childhood)라는 진단명이 있으나 이 진단체계는 실제 임상현장에서 잘 사용되지 않는다. 〈표 1-1〉에서 볼 수 있듯이 실제 아동이 보이고 있는 증상에 대한 정보를 제공하고 있지 않아, 다양한 섭식문제를 보이는 아동을 차별화하여 진단을 내리는 데 유용하지 않다(Chartoor & Ganiban, 2003). 더구나 체중이 정상발달 곡선의 5% 이상이라, 성장장애 혹은 성장 실패(Failure

〈표 1-1〉 DSM-IV-TR 유아기 또는 초기 소아기의 급식 및 섭식장애 진단기준 (APA, 2000)

유아기 또는 초기 소아기의 급식 및 섭식장애
A. 지속적으로 적절하게 먹지 못하는 것으로서 적어도 1개월 이상 심각한 체중 획득의 실패 또는 체중 감소가 함께 나타난다.
B. 장애는 동반되는 위장 상태 또는 다른 일반적인 의학적 상태(예: 식도역류)로 인한 것이 아니다.
C. 장애는 다른 정신장애(예: 반추장애) 또는 유용한 음식의 결여로 잘 설명되지 않는다.
D. 발병은 6세 이전이다.

〈표 1-2〉 섭식문제에 따른 분류(Kedesdy & Budd, 1998)

아동이 보이는 섭식문제에 따른 분류
1. 편식: 음식의 종류, 색깔, 상표, 질감, 겉보기에 따른 선택
2. 기타 섭식문제
- 씹는 기술의 부족
- 지나친 수분 섭취 (ex) 음료수만 마시며 고형식 먹지 않음
- 무갈증(목마름 느끼지 않음) (ex) 고형식 먹지만, 어떤 종류의 음료도 마시지 않음
- 특정한 식기의 사용만 고집함 (ex) 6세 남아, 특정 그릇, 숟가락으로만 먹음
- 식탁에 앉기 거부함 (ex) 3세 여아, 집안을 돌아다니며 식사함
- 음식 거부함 (ex) 8세 남아, 양과 종류의 감소로 결국 장관튜브급식
- 혼자 먹지 않음
- 공공장소에서 먹지 않음 (ex) 14세 남아, 혼자 식사, 학교 등에서 음식 거부

to Thrive; FTT)에 해당되지는 않지만, 심각한 섭식문제를 보이는 아동의 경우, 이 진단기준을 충족하지 못하기 때문에 현 진단체계로는 아동의 분류가 매우 어렵다.

그에 대한 대안으로 Kedesdy와 Budd(1998)는 소아기 섭식문제를 아동이 보이는 문제에 따라 분류하는 대안을 제시하였고(〈표 1-2〉), Chartoor와 Ganiban(2003)은 아동기 가진 섭식문제를 원인에 따라 7가지 유형으로 분류하였다(〈표 1-3〉). 이 두 가지 분류법은 기본으로 하는 이론이 서로 달라 직접 비교가 어렵고, 상대적 유용성이나 효율성

〈표 1-3〉 섭식 유형의 분류(Chartoor & Ganiban, 2003)

아동이 보이는 섭식문제에 따른 분류
1유형: 신체 질환으로 인한 식욕 저하 2유형: 부모가 식욕 저하로 오지각 3유형: 선천적으로 식욕이 없는 경우 4유형: 위축으로 인한 식욕 저하 5유형: 극심한 편식 6유형: 위의 상태가 섭식을 저해 7유형: 섭식 공포

에 대한 연구가 아직 이루어지지 않은 상태이나, Kedesdy와 Budd (1998)의 증상에 따른 분류는 적어도 문제에 대한 치료책을 찾는 데 매우 효율적이라고 보고된다(Chung & Kahng, 2006). Chartoor와 Ganiban(2003)의 유형분류는 문제의 원인을 이해하는 데 도움을 주기 때문에 최근에 관심의 대상이 되고 있는데, 그 분류의 타당성에 대한 증거를 찾으려는 노력이 수반되어야 할 것으로 판단된다. 당분간은 현존하는 이 3개의 진단체계를 통합하여, 아동의 섭식문제를 이해하고 이에 대처하는 효과적인 방법을 찾아가는 데 노력을 기울여야 할 것이다.

4) 섭식문제의 원인

아동의 섭식문제는 단일 원인에 의해 발생하는 경우는 드물다. 섭식문제의 약 80~90%는 위식도역류증, 구강운동 발달지연, 조산, 낭포성 섬유증, 뇌성마비와 같은 기질적 문제로 인해 발생하는 것으로 알려져 있다(Duff, Wolfe, Dickson, & Conway, 2003; Eicher, 2005; Kedesdy & Budd, 1998; Ramsay, Gisel, McCusker, Bellavance, & Pratt,

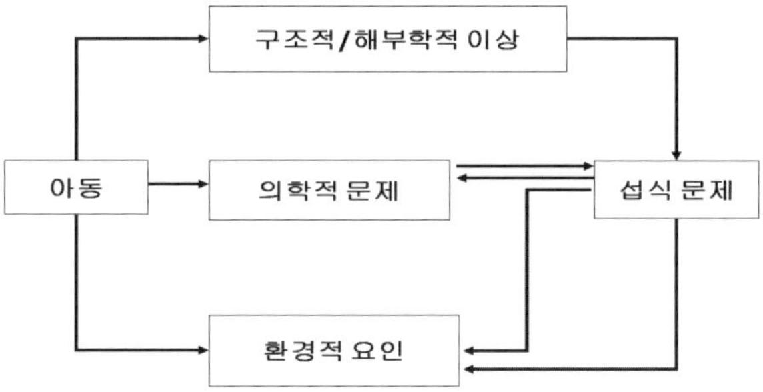

〈그림 1-2〉 아동기 섭식문제의 원인

2002). 그러나 생물학적 특성만으로는 이를 설명하는 데 한계가 있으며 섭식문제는 생물학적 특성과 환경과의 상호작용에 의한 것이라는 가설이 여러 연구를 통해 지지되고 있다(Burklow, Phleps, Schultz, Mc-Connel, & Rudolph, 1998; Chatoor, Conley, & Dickson, 1988; Ramsay, 1995; Satter, 1990). 더구나 생물학적인 이유로 시작된 섭식문제의 경우도 환경적인 원인에 의해 문제가 지속되거나 악화되기 쉬우며, 신체적으로 문제가 없는 아동들의 경우에도 식습관을 잘못 들이거나 (Iwata et al., 1982; Riordan et al., 1984) 영양 섭취에 대한 가족 환경 (Perusse et al., 1988), 부모의 양육방식이나 문제행동에 대한 대처방식 등 환경적인 요소가 주요한 발생 원인이 될 수 있다(Ramsay et al., 2002). 〈그림 1-2〉는 섭식문제의 원인에 대한 생물학적-환경적 요소의 상호작용을 보여주는 도식이다.

5) 섭취문제의 영향

아동기 섭식문제가 섭식장애로 발전할 경우 아동에게 심각한 악영향을 미칠 수 있다. 먼저, 반복되는 아동의 섭취문제는 영향의 불균형으로 인하여 신체적 · 인지적 · 정서적 문제를 초래할 수 있다(Cravioto, 1979; Galler, Ramsay, & Solimano, 1985). 첫째로 신체적인 문제점을 살펴보면, 섭식문제는 아동의 성장에 필요한 적절한 영양소를 섭취하는 것을 방해하여, 아동의 신체적인 발달과 건강을 위협하는 원인이 된다. 충분한 영향을 섭취하지 못한 아동은 영양실조, 성장지체, 에너지 부족과 감소, 체내 전해질의 불균형, 질병에 대한 취약성 등과 같은 신체적인 문제들을 가질 수 있으며(Budd, McGraw, Fabisz, Murphy, Hawkins, Heilman et al., 1992), 성장 및 발육과 관련된 문제뿐 아니라 어린 시기에 영양소나 에너지가 낮은 식사를 유지하게 될 경우 뇌의 발달에 영구적인 구조 변화를 일으켜 심각한 문제를 초래할 수 있다(Batshaw, 2002). 둘째로 인지적인 문제점을 살펴보면, 영양부족 상태가 지속될 경우 아동은 주의 집중력의 감소, 학습능력 저하 등과 같은 인지적인 결함을 보일 수 있다(Galler, 1984). 마지막으로 정서적인 문제점으로는 섭취문제를 가진 아동은 건강하지 못한 신체상태로 인하여 보다 쉽게 부정적인 감정을 느끼거나(Cravioto, 1979), 행동 문제를 나타내는 것으로 밝혀졌다(Galler, Ramsey, Solimano, Lowell, & Mason, 1983).

또 다른 섭식문제로 비만이 있다. 지나친 영양 과다로 인한 소아비만 역시 다양한 영역에서 아동의 문제를 초래하는데, 크게 신체적인 문제와 심리사회적인 문제로 나누어 볼 수 있다. 신체적인 문제점으로는 아동기 비만은 성인기 비만의 전조가 되는 것은 물론(구대희, 1996), 소아비만은 심혈관계, 내분비계 등은 물론 소화기, 신경계 등 신체 여러 기관의 질병을 동반할 수 있다(Stauss, 1999). 이는 정상체중 아동에 비해 비만 아동에게서 당뇨, 심혈관계 질병 등에 걸린 위험성이 높게 드러난다는 사실 등을 통해 지지된다(Mossberg, 1989;

Whitaker, Wright, Pepe, Seidel, & Dietz, 1997). 또한 심리사회적 문제점으로는 비만 아동의 경우 정상 체중 아동보다 낮은 자존감, 부정적인 신체상을 가지고 있는 것으로 드러났고(Pierce & Wardle, 1997) 신체활동이나 또래관계와 관련된 자아효능감(Braet, Merviede, & Vandereycken, 1996)이 다른 정상아동에 비해 낮은 것으로 드러났다. 게다가 비만 아동들 중에는 또래보다 더 공격적인 문제행동을 보이는 경우도 있다.

이와 같이 섭식문제는 아동에게 다양한 영역에서 악영향을 끼치는데, 기존 연구는 아동의 섭식문제가 양육자에게도 악영향을 미치며 전반적인 가족 기능에 문제를 야기하는 것으로 보고한다(Archer, Cunningham, & Whelan, 1988). 기존 연구에서 드러난 부모에게 미치는 영향을 살펴보면, 섭취문제를 가진 아동의 양육자는 정상아동을 양육하는 부모에 비해 보다 높은 양육스트레스와(Douglas, 2002) 불안을 경험하며(Butler & Golding, 1986), 영양 불균형으로 인한 성장 실패는 양육자의 우울증 발생률을 높이는 것으로 밝혀졌다(Gorman, Leifer, & Grossman, 1993). 또한 양육자는 스스로 식사하는 능력이 부족한 아동을 보조하면서 식사시간마다 신체활동에 제약을 받고 가족들과 함께 식사하는 사회적 즐거움을 경험하지 못하게 된다(김은경, 안성연, 김은미, 허경자, 김은경, 2003; Bax, 1989).

최근 한 연구에서는 영유아기와 아동기에서 보이는 섭식문제가 부모 양육스트레스에 영향을 미치는 과정에서 문제행동이 어떤 역할을 하며, 또 양상이 발달단계에 따라 어떻게 나타나는지 조사하였다(김혜진, 정경미, 2008). 만 1세에서 8세 아동의 부모 578명을 대상으로 조사한 결과, 아동의 섭식문제가 많으면 부모 양육스트레스가 높아지는데, 이는 특히 나이가 어린 아동에게 두드러지게 나타났다. 즉, 부모들이 어린 아동에게 섭식문제가 있을 때 스트레스를 더 많이 느낀다는 것이다. 그런데 부모 양육스트레스의 원인이 아동의 연령에 따라 다르게 설명되었다. 즉, 걸음마기 아동의 부모는 섭식문제로 유발된 행동문제로 양육스트레스를 경험하는 반면, 유아기와 학령기 부모는 섭식문제 자체로 스트레스를 경험하는 것으로 나타났다. 이 결과는 아동이 어릴 때 보이는 섭식문제는 해결되지 않고 지속되는 경우, 아동의 연령 증가와 함께 부모가 많은 스트레스를 받게 됨을 시사한다.

이런 경향은 발달장애아동의 부모에게서 더욱 두드러지게 나타난다. 발달장애아의 부모는 자조 능력이 제한된 아동의 식사를 보조해야 하고, 식사 시간은 부모들에게 가족과 경험을 나누는 시간이라기보다는 아동을 보살펴야 할 또 다른 의무시간이 된다(김은경 등, 2003; Bax, 1989). 아동에 따라 다소 다르기는 하지만, 섭식문제를 가진 발달장애아동들은 하루에도 여러 번 반복적으로 문제행동을 보일 것이고, 이는 부모에게는 매우 부정적인 사건으로 인식되어 부모는 아동의 성장 실패에 책임을 느끼고 걱정하거나 감정적 고통을 경험할 수 있다(Budd et al., 1992; Craig, Scambler, & Spitz, 2003). 아동기 섭식문제가 부모의 정신건강에 미치는 영향에 대해 직접적으로 조사한 연구는 없으나, 일반적으로 아동의 문제가 지속되는 경우 양육자는 아동의 문제에 대해 부정적인 평가를 하고(Webster-Stratton, 1990), 이러한 부정적인 주관적 지각이 부모의 정신건강에 악영향을 미치는 것으로 보고된다(Ferrari, Matthews, & Barabas, 1983; German & Malsto, 1982; McLoughlin, Clark, Mauck, & Petrosko, 1987; Yuker, 1988). 아동의 문제에 대한 부모의 부정적인 평가가 부모의 높은 우울감(Griest, Wells, & Forehand, 1979), 결혼생활 만족감의 감소(Johnson & Lobitz, 1974), 양육스트레스의 증가(Holleran, Littman, Freund, & Schmaling, 1982)와 밀접한 연관이 있는 것으로 조사되었다. 이 같은 연구 결과들은, 섭식문제를 가진 발달장애아동의 대다수 부모들의 정신건강이 좋지 않을 것임을 간접적으로 시사한다.

6) 섭취문제의 중재

미국에서는 1990년대부터 보험체계의 변화에 따라, 임상현장에서 근거 없는 치료개입의 위험성을 줄이기 위해 연구에 의해 효과적으로 밝혀진 '증거기반치료(evidence-based treatment)'라는 개념이 도입(Reed & Eisman, 2006)되었고, 이로 인해 심리치료효과연구가 활발하게 진행되었다. 과거 30년 동안 치료효과연구의 결과로, 현재 미국 심리학회 몇 개 분과에서 각 장애에 효과적인 증거기반치료 목록을 발표하였다. 가장 대표적인 예는 미국 심리학회 몇 개의 분과에 리스트가 있다. 예를 들어, APA division 12 임상심리분과(http://www.div12.org/content/empirically-supported-treatments), APA division 33 발달장애분과(http://www.apa.org/divisions/div33/effectivetreatment.html.), APA division 53 아동 청소년 심리치료분과(http://www.effectivechild therapy.com/) 그리고, APA division 54 소아심리학분과(http://www.societyofpediatricpsychology.org/~division54/evidence/)가 그 대표적인 예이다. 특히 division 54에서는 아동기 섭식장애에 대한 증거기반치료가 행동치료임을 명시하고 있으며, division 53에서는 소아기 비만에는 행동치료를 포함한 다학제적 접근이 가장 효과적임을 강조한다. 섭식문제에 대한 중재 방법으로 환경적인 요소를 중점적으로 다루는 행동주의적 접근 방법이 효과성이 검증된 치료법으로 인정받고 있으며(Chung & Kahng, 2007), 소아 및 청소년 비만의 치료 시 환아 단독 치료보다는 가족을 포함하는 중재가 더욱 효과적임이 밝혀진 바 있다(Epstein, Valoski, Wing, & McCurley, 1990). 이는 섭취문제로 야기된 문제가 환경조절에 따라 회복될 수 있음을 보여준다. 그런데 일부 양육자들은 아동의 섭취량을 늘리기 위해 잘못된 대처 방법을 사용하거나 섭식문제에 대해 문제가 해결되기를 막연히 기대하고 있는 것으로 나타났다(이어진, 정경미, 진혜경, 2010). 양육자들이 빈번하게 사용하는 어르고 달래기, 먹고 싶어 할 때 먹이기, 혼내기, 강제로 먹이기 등과 같은 방법들은 일시적으로 아동의 음식섭취량을 늘릴 수 있지만 장기적인 해결책이 될 수 없다. 즉, 아동이 섭식을 거부하는 경우, 그 음식의 양, 질감, 종류를 살펴 아동이 먹을 수 있도록 환경을 조성해야 하며, 이렇게 조절된 환경에서 아동이 주어진 음식은 반드시 섭취하게 가르쳐야 한다. 섭식과 관련된 제언은 제4장에 자세히 소개되어 있다.

소아비만의 경우, 아동에게 운동 습관과 식습관을 변화시키고 활동량이 적은 습관을 줄이는 교육과 동시에 음식과 관련된 환경을 통제하고 식생활과 관련된 유혹상황을 이기는 전략을 통해, 장기적으로 스스로를 통제하는 자기관리기법에 대해 가르치는 것이 필요하다(Snethen, Broome, & Cashin, 2006).

안타깝게도, 국내에서는 증거기반치료의 개념에 대한 인식이 확산되지 않아, 효과성에 대한 검증을 거치지 않은 치료프로그램이 무작위로 사용되고 있는 실정이다. 국내의 데이터베이스(국회도서관, DBPIA, KISS, KoreaMed, KMBase, Riss4U) 여섯 개에서 소아 비만 및 섭식문제와 관련된 문헌의 조사를 위해 '소아 비만', '아동기 비만', '섭식문제', '편식'으로 검색하였으며 학위논문을 제외한 2011년도까지의 학술지 문헌들을 조사하였다. 검색 결과, 소아비만의 유병률, 공병, 역학 관련 문헌은 21편(강신관, 김순덕, 이제숙, 2008 외 20편), 평가 관련

〈표 1-4〉 소아비만 및 섭식 관련 국내 문헌조사 결과

주 제	편 수
소아비만	
유병률, 공병, 역학	21
평 가	4
치 료	25
섭 식	
유병률, 공병, 역학	9
평 가	4
치 료	14

문헌은 4편(김은미, 이가영, 황규만, 김준수, 박태진, 2010 외 3편), 소아비만의 치료에 대한 문헌은 25편(김미리혜, 2001 외 24편)으로 검색되었으며 섭식장애의 유병률, 공병, 역학 관련 문헌은 9편(김영희, 2004 외 8편), 평가 관련 문헌은 4편(김선희, 2011 외 3편), 치료 관련 문헌은 14편(김동연, 이은진, 2002 외 13편)으로 검색되었다(2011년 12월 기준). 소아비만과 섭식문제가 빈번하게 발생함을 고려할 때, 국내 연구 수가 극히 제한되어 있음을 알 수 있다. 특히 평가에 대한 문헌은 극히 제한되어 있는데, 각 영역에 4편에 불과하다. 섭식문제에 대한 요구가 많지만, 이를 정확하게 평가할 수 있는 도구의 개발이나 신뢰도 및 타당도를 측정하는 연구가 제한되어 있다는 사실은 섭식문제를 해결하는 방법에 대한 제한을 가져온다. 문제를 알아야 대책이 나올 수 있고, 그 대책의 효과성을 평가할 수 있기 때문이다. 따라서 이 결과는 우선, 섭식문제를 정확하게 평가할 수 있는 섭식 평가 도구에 대한 연구의 필요성을 보여준다.

7) 섭식문제연구의 필요성

앞선 국내연구 현황 조사에서도 볼 수 있었듯이, 기존 섭취문제에 대한 국내 연구는 매우 적으며 제한적 섭식문제를 해결하기 위한 국내의 시도는 대부분 의학적 접근에 제한되어 있다(김혜진 등, 2008a). 섭식 중 문제행동은 생물학적 문제만으로 유발되기보다는 기능적인 요소를 포함하는 경우, 즉 환경과 기질 간의 상호작용으로 인한 문제가 대부분(Burklow, Phleps, Schultz, McConnel, & Rudolph, 1998)이며 가족 관계에도 영향을 미치기 때문에 의학적 접근만으로 이러한 집단에 효과적으로 개입하기 어렵다. 이러한 이유로 미국은 섭취 전문 클리닉이 있는 기관에서는 강력한 행동주의적 접근 및 다학제적인 치료팀 구성으로 해결을 모색하고 있으며, 이러한 접근 방법은 연구에 의하여 효과성이 검증된 치료법으로 인정받고 있다(Chung & Kahng, 2007; Kerwin, 1999). 섭취문제의 효과적인 중재를 위해서는 문제의 심각도와 원인을 규명하고, 치료적 접근에 대한 통찰과 정보를 제공할 수 있는 평가가 선행되어야 한다. 직접 관찰을 통해 문제의 원인을 살피는 기능행동분석(Functional behavioral analysis; FBA)은 섭취문제를 평가하는 데 효과적인 평가 방법으로 임상현장에서 많이 사용되고 있다(Munk & Repp, 1994; Galensky, Miltenberger, Stricker, & Garlinghouse, 2001; Olive, 2004). 섭취문제의 심각도와 기능을 평가하고, 치료 개선 정도를 평가하기 위해서는 직접 관찰이 가장 바람직하나 기능행동분석과 같은 직접 관찰을 통한 평가 방법은 시간과 비용 및 전문가 훈련 등의 현실적인 어려움으로 인해 실제 임상현장에서 사용하기에는 어려움이 많기 때문에, 부모 대상 설문 등의 다양한 간접 평가 도구를 사용하여 섭취문제를 진단하고 평가하는 것이 보다 손쉽고 경제적으로 유용한 평가 방법으로 가장 많이 이용되고 있다. 국내에서도 응용행동분석을 통한 섭식 치료가 가능하기 위해서는 의학적 방법만으로 섭취문제를 진단하는 것보다 아동의 행동 특성과 기능적인 특성을 고려한 표준화된 진단 도구가 먼저 선행되어야 할 것이다. 우리나라의 경우 많은 아동이 섭식문제를 보고하고 있으나, 이를 진단한 적절한 평가도구의 부재로 아동의 문제를 구체적으로 파악하기 어렵다.

제2장
소아청소년 섭식척도 개발

제 2 장 소아청소년 섭식척도 개발

1절 연구목적 및 필요성

앞선 장에서 살펴보았듯이 섭식문제는 아동기에 빈번하게 보고되는 문제이고 대부분 시간경과에 따라 저절로 없어지지만, 일부 아동의 섭식문제는 매우 심각하다. 특히 발달장애아동의 경우, 그 특성상 섭식문제를 겪을 확률이 매우 높다. 따라서 이들이 가진 문제와 이에 영향을 주는 기질적·환경적 요소를 밝힐 수 있는 평가도구가 매우 절실하다. 그러나 안타깝게도 국내 섭식 관련 도구는 개발이 매우 제한되어 있다. 국내 문헌조사에서 보면, 김혜진 외(2008)가 개발한 한국형 섭식행동평가가 유일하다. 따라서 다양한 측면에서 섭식문제를 평가하는 도구의 개발이 시급하다.

국내에서 평가도구 개발은 크게 두 가지 방법이 있는데, 한 가지는 새로운 도구의 개발이고, 다른 한 가지는 기존에 국외에서 개발된 도구의 한국형의 개발이다. 국내 실정에 맞는 도구의 개발이라는 측면에서는 새로운 도구의 개발이 선호되지만, 개발 과정에 비용과 시간이 많이 소요된다. 국내에서 새로운 도구의 자체개발보다는 서구 도구의 한국형 개발이 활발한데, 한국형 아동행동평가 척도(Korean Child Behavior Checklist; 오경자, 김영아, 2008; 오경자, 이혜련, 홍강의, 하은혜, 1997), 한국형 부모양육스트레스 척도(Korean Parenting Stress Inventory; 정경미, 이경숙, 박진아, 김혜진, 2008)가 그 대표적인 예이다. 평가도구 개발 방법의 선택은 평가하는 문제의 종류와 보편성 그리고 비용이나 경제성 등 현실적인 문제에 대해 고려한 기준에 의거한다. 본 연구에서는 섭식문제가 문화적 배경과 상관없이 보편적으로 드러나는 현상(Brazelton, 1992; Kedesdy & Budd, 1998)으로, 국내에만 한정적으로 사용할 수 있는 평가도구의 개발보다는 국외에서 이미 신뢰도 및 타당도가 높다고 검증된 평가도구를 선별하여 한국형으로 표준화하고 타당화하는 것이 적절하다고 판단하였다. 실제 이 방법은 섭식문제의 국제 비교연구를 활성화할 수 있다는 큰 장점이 있고 동시에 비용절감을 가져올 수 있다.

이 장에서는 해외에서 활발하게 사용되는 심리측정적으로 확립된 3가지의 도구를 한국형으로 개발하고, 이를 이용하여 국내 아동들의 섭식현황을 조사하는 것을 목적으로 한다. 이 장의 구체적인 목표는 다음과 같다.

1. 연구의 목적

본 연구의 목적은 1) 해외에서 개발된 신뢰도 및 타당도가 우수한 섭식평가도구를 선정하여 표준화(연구 1)하고, 2) 섭식 아동을 선별할 수 있게 절단점을 마련(연구 2)하여 일선에서 사용할 수 있게 하며, 3) 실제로 섭식문제를 많이 보이는 아동을 대상으로 도구의 타당도를 검

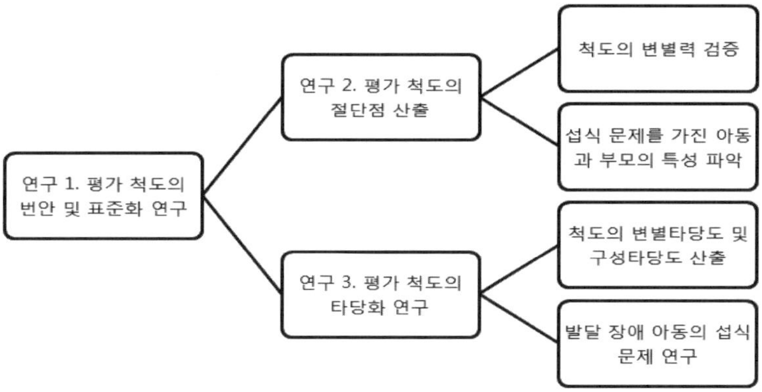

〈그림 2-1〉 세 개의 하위 연구 내용

증하고, 이 도구가 섭식과 관련된 주제에 대한 연구에 적절한 지 확인(연구 3)하는 것이다.

2. 하위연구별 연구목적 및 필요성

1) 연구 1: 한국형 소아 청소년 섭식문제 측정 척도의 개발

(1) 연구의 필요성

기질적인 문제가 없는 아동들의 경우 환경적인 요소(예. 부모의 대처 방식)가 섭취문제의 주요한 발생 원인이며, 기질적 이유로 시작된 섭취문제도 환경적 원인에 의해 유지 및 악화된다(Ramsay, Gisel, McCuster, Bellavance, & Platt, 2002). 섭취문제를 진단하기 위해서는 아동의 행동 특성과 기능적인 특성 및 부모의 행동 특성 등을 고려한 표준화된 진단 도구가 필요하나, 국내에서는 아동의 행동 특성을 측정하는 표준화된 섭취문제 진단 도구가 1개에 불과하고(김혜진, 정경미, 박미정, 최연호, 2008), 섭취문제와 관련된 부모의 행동 특성을 파악하는 도구는 드물다.

섭식문제를 가진 아동들의 문제를 정확히 파악하고, 후속적인 치료나 상담을 위해서는 평가도구의 개발이 필수적이다. 그런데 섭식문제나 그에 따른 행동 문제는 범문화적이므로, 이미 잘 개발된 외국도구의 한국형 표준화가 새로운 도구의 개발보다 더 적절하다고 본다.

(2) 연구의 목적

본 연구의 목적은 아동의 섭취 및 식사 중 문제를 진단하기 위하여 외국에서 아동의 식생활 행동 및 식습관을 효과적으로 측정한다고 알려져 있는 세 개의 섭식문제 평가 척도의 번안 및 표준화 작업을 시행하는 것이다. 이를 통해 한국 상황에 맞게 적용하고 실제 섭취문제 아동이 보이는 문제행동의 종류와 식사 중에 부모가 아동에게 어떠한 행동을 취하는 지를 규명하고자 한다.

2) 연구 2: 비만도에 따른 한국형 소아청소년 섭식척도의 반응양상 분석

(1) 연구의 필요성

아동의 섭식문제는 소아과 방문 시 주요 호소 이유 중 하나라고 알려져 있다(김혜진, 정경미, 2008). 아동의 섭식문제에 대해 응용행동분석을 통한 행동주의적 접근 방법은 연구에 의하여 효과성이 검증된 치료법이며(Kerwin, 1993), 국내 연구에서도 행동주의적 접근을 통한 섭식문제 치료가 효과적임을 증명되었다(양소정, 정경미, 2007).

아동의 섭식문제의 심각도를 결정하기 위해서는 절단점에 대한 정보가 필수적이다. 전체 아동을 대상으로 평균이나 표준편차를 이용하는 방법도 있으나, 최근에 절단점을 구하는 방법으로 가장 권장되는 수신기 작동 특성(Receiver Operating Characteristic; 이하 ROC) 분석(Holmes, 1998)을 사용하여 절단점을 구하는 것이 반드시 필요하다. 이 절단점은 정확한 평가 및 치료에 유용하게 사용될 것이다.

(2) 연구의 목적

본 연구에서는 실제로 섭식문제로 아동의 섭식문제를 예측하는 데 연구 1을 통해 개발된 척도가 얼마나 효과적인지 알아보고자 한다. 연구 1을 통해 표준화된 척도의 분석을 통해서 아동의 행동변인과 부모의 행동변인의 두 예측 변인이 아동의 섭취문제를 얼마나 효과적으로 변별할 수 있는지 알아보고자 한다. 또 표준화된 척도의 섭취장애 집단과 비교 집단의 변별력을 검증하고 변별력이 높은 하위 척도를 규명하고자 한다. 마지막으로 연구를 통해 해당 척도의 아동의 행동적 특성에 준거한 임상 집단과 정상 집단의 절단점(cut-off)을 얻고자 한다.

3) 연구 3: 발달장애아동의 섭식문제

(1) 연구의 필요성

국내외 연구에서 공통적으로 발달장애아동은 정상아동보다 섭식문제를 많이 보이는 것으로 나타났다(김은경 등, 2003; 박영숙, 1998; 이어진, 정경미, 진혜경, 2010; Collins et al., 2003; Duff et al., 2003; Gangil et al., 2001; Martins et al., 2008; Matson et al., 2009; Schreck et al., 2004). 우리나라의 경우, 발달장애아동의 섭식문제에 대한 연구는 2~3개로 극히 제한되어 있어 보다 다양한 도구를 가지고 이들의 섭식문제 현황을 파악하고 적절한 치료를 제공할 필요가 있다. 좋은 측정도구 개발을 위해서는 표준화된 검사도구들의 타당도를 반복적으로 검증하여 측정도구의 심리측정측면을 공고히 할 필요가 있다(탁진국, 2007; Anastasi & Urbian, 2003). 본 연구에서 개발된 세 개의 도구도 변별타당도를 비롯해서 다양한 타당도 및 신뢰도 연구가 이루어져, 검사의 심리측정측면을 공고히 해야 할 것이다.

(2) 연구의 목적

본 연구는 섭식문제를 가장 빈번하게 보고하는 발달장애아동 집단을 대상으로 변별타당도를 구축하고, 실제로 개발된 도구가 섭식 관련 문제를 측정하는 도구로서 유용한지 검증하고자 한다. 발달장애아동의 섭식문제에 대해 양육자의 태도가 어떠한 영향을 미치는지 조사하고 아동의 섭식문제에 대해 비현실적인 기대를 하고 있는 일부 양육자들에게 섭식문제의 만성화에 대한 위험성을 인식하게 하고자 한다. 또 섭식문제를 가진 발달장애아동에 대해 양육자가 가정에서도 효과적으로 대처할 수 있도록 전문적인 정보를 제공하고자 한다.

2절 연구 1: 한국형 소아 청소년 섭식문제 측정 척도의 개발

1. 한국형 부모의 식사 중 행동척도(K-PMAS)의 표준화 연구[1)]

아동기 섭식문제는 기질뿐 아니라 환경적 요인, 특히 부모의 섭식 관련 양육태도에 크게 영향을 받는다(Kedesdy & Budd, 1998). 따라서 부모의 섭식 관련 양육태도를 측정하는 도구의 개발이 필요하다. 섭식과 관련된 척도 중 Hendy, Williams, Camise, Eckman과 Hedemann (2008)에 의하여 개발된 부모의 식사 중 행동평가 척도는 부모가 사용하는 식사시간의 행동과 부모가 제공하는 음식의 종류를 규명하는 것을 토대로 하여, 아동의 식습관 및 체중 상태의 변동을 설명하기 위해 개발된 척도이다. 이러한 부모의 식사 중 행동평가 척도를 한국 상황에 맞게 적용하고, 실제 섭취문제를 가진 아동이 섭취하는 음식의 종류와 식사 중에 부모가 아동에게 어떠한 행동을 하는지를 파악한다면, 섭취문제의 효과적인 중재를 위한 치료적 접근에의 통찰과 정보를 제공할 수 있는 평가 척도로서의 역할을 기대할 수 있으리라 생각된다. 또한 해외에서 개발된 척도를 국내 상황에 맞게 적용하여 번안함으로써, 국가 간의 문화 차이에 대한 연구도 가능하리라 기대

1) 정경미, 이수진(2014). 한국형 부모의 식사 중 행동척도(K-PMAS)의 표준화 연구. 한국심리학회지: 건강, 19(3), 711-731.

한다. 따라서 국내에서 사용할 경우 섭취문제를 가지고 있는 아동의 부모의 특징을 파악하는 것은 물론 임상적 · 연구적 · 교육적 도구로서도 유용하게 사용될 것으로 기대된다.

본 연구의 목적은 아동의 섭취문제 평가를 위한 부모의 식사 중 행동평가 척도(PMAS)를 한국 상황에 맞게 번안하여 타당도와 신뢰도를 검증한 후 국내에서 사용할 수 있도록 표준화하는 것이다.

1) 연구절차 및 분석방법

(1) 연구대상

전국의 어린이집, 보육원, 유치원 등과 서울 소재의 초등학교 그리고 어머니들의 정보 공유를 위해 인터넷에 개설된 양육정보 공유 사

〈표 2-1〉 PMAS 설문 참여 아동의 연령 및 성별 특성

	사례 수(명)	남 아	여 아	비율(%)
전 체	884	458	426	100
연 령				
1세	88	54	34	10
2세	122	68	54	13.8
3세	128	72	56	14.5
4세	115	58	57	13
5세	86	40	46	9.7
6세	53	24	29	6
7세	63	32	31	7.1
8세	58	29	29	6.6
9세	88	43	45	10
10세	43	22	21	4.9
11세	40	16	24	4.5

이트를 통하여 설문을 수집하였다. 2010년 7월부터 2011년 1월까지 전국의 정상 발달하는 만 1세부터 10세 아동을 둔 부모를 대상으로 하였으며, 총 904명의 자료 중 본 연구에서는 전체 문항 중 응답하지 않은 문항이 있거나 성별・연령 등의 기본정보가 기입되지 않은 자료를 제외한 884명의 자료를 사용하였다. 이 중 50명은 신뢰도 측정을 위하여 4주 후 재검사를 실시하였다. 모집된 아동의 평균 연령은 5.6(표준편차=3.0)세이며, 남아 458명(51.8%), 여아 426명(48.2%)이다.

(2) 연구도구

본 연구에 사용된 설문지는 다음과 같다.

① 부모의 식사 중 행동평가 척도(Parent Mealtime Action Scale: PMAS)[2)]

부모의 식사 중 행동평가 척도는 Hendy, Williams, Camise, Eckman과 Hedemann(2008)에 의하여 개발된 평가 척도로, 부모가 사용하는 식사시간의 행동을 통해 아동의 식습관 및 체중 상태의 변동을 설명하기 위해 개발된 척도이다.

부모의 식사 중 행동평가 척도는 Brislin(1970)이 제언한 절차를 따라 번안하였으며 그 과정은 다음과 같다. 먼저 미국의 PMAS 원저자에게 검사 사용에 대한 허락을 받은 후 한국어와 영어를 이중 모국어로 습득한 대학원생이 일차적으로 각 문항을 한국어로 번역하였다. 그 다음으로 영어를 모국어로 쓰는 임상심리학 전공 석사가 역번역을 한 후, 임상심리 전문가가 번역에 대한 타당성을 검토하였다. 마지막

2) 정경미, 이수진(2014). 한국형 부모의 식사 중 행동척도(K-PMAS)의 표준화 연구. 한국심리학회지: 건강, 19(3), 711-731.

으로 국어국문학 박사가 윤문을 한 다음, 연구자는 윤문 받은 것을 통해 표현이 애매하거나 이해가 어려운 내용은 토의를 통하여 수정한 후 한국판 아동 섭취행동 질문지를 제작하였다. 검사 신뢰도는 원 저자의 연구에서는 하위 척도의 합치도 계수가 .64로 나타났으며, 본 연구에서는 총 문항의 합치도 계수는 .71로 나타났다.

② **아동 섭식행동 검사**(Korean Children's Eating Behavior Inventory; K-CEBI)

공존 타당도를 검증하기 위해 Archer 등(1991)이 개발하고 김혜진, 정경미, 박미정(2008)이 표준화한 아동 섭식행동 검사(K-CEBI)를 본 연구에서 사용하였다. 본 척도는 만 1세에서 만 12세의 자녀를 양육하는 부모를 대상으로 부모 보고에 기초하여 아동의 섭식문제의 실태를 조사한다. 총 27개의 문항으로 각 문항은 1점부터 5점까지 채점된다. 본 척도의 하위 요인은 식사 중 부모의 스트레스, 전반적 식사 문제, 식사 시 문제행동, 상차림 돕기, 금지식품 섭취 등 5가지 영역으로 구성되어 있으며 검사 신뢰도는 김혜진, 정경미, 박미정(2008)의 연구에서 .86으로, 본 연구에서는 .70으로 나타났다.

③ **한국판 유아용 행동평가 척도**(유아용 K-CBCL; Korean Child Behavior Checklist Preschool) **및 한국판 아동 – 청소년 행동평가 척도**(아동-청소년용 K-CBCL; Korean Child Behavior Checklist)

본 연구에서 CEBQ의 타당화 작업을 위하여 만 2세부터 5세 미만의 유아의 부모 보고 검사로는 Achenbach와 Rescorla(2000)가 개발한 유아용 행동평가 척도(CBCL for 1.5~5 ages)를 오경자, 김영아(2008)가 번역하여 타당화한 한국판 유아용 행동평가 척도(Korean-Child Behavior Preschool: 이하 유아용 K-CBCL) 중에서 섭식과 관련된 문항을 추출하여 사용하였다. 유아용 K-CBCL은 총 99문항으로 부모 또는 보호자의 '아니다'는 0점, '약간 혹은 때때로'는 1점, '매우 혹은 종종'은 2점의 3점 평정척도로 평가하였다. 유아용 K-CBCL 중 섭취문제를 묻고 있는 문항은 총 5문항으로, 제대로 된 종류의 음식을 섭취하는지, 음식 섭취의 양이 적절한지를 측정하고 있다. 본 연구에서는 총 문항의 합치도 계수는 .98으로 나타났다.

만 5세 이상의 아동의 경우에는, 오경자, 이혜련, 홍강의, 하은혜(1997)가 Achenbach(1991)의 아동-청소년 행동평가 척도(CBCL: Child Behavior Checklist)를 우리나라 실정에 맞게 번안하여 표준화한 한국판 아동-청소년 행동평가 척도(Korean-Child Behavior Checklist: 이하 아동-청소년용 K-CBCL)를 사용하였다. 아동-청소년용 K-CBCL은 유아용과 마찬가지로 아동의 부모 혹은 주요 양육자가 아동에 대하여 3점 리커트 방식으로 문항에 답하도록 되어 있으며 총 112문항으로 이루어져 있다. 이 중 섭취문제를 묻고 있는 문항은 총 4문항으로, 그 내용은 유아용 K-CBCL과 유사하다. 본 연구에서는 총 문항의 합치도 계수는 .93으로 나타났다.

(3) 연구절차

본 연구는 연세대학교 심리학과 연구심의위원회(Departmental Review Committee)의 허가를 승인 받은 후, 연구윤리심의위원회(Institutional Review Board)에서 후 승인을 받았다. 설문은 종이 설문지나 온라인 설문 홈페이지(www.surveymonkey.com)를 이용하여 수집하였다. 설문 응답자에게는 설문 결과를 한 달 이내로 보내주는 것으로 연구 참여에 대한 보상을 하였다.

2) 연구 결과

(1) 요인분석

한국판 PMAS의 내적 구조를 파악하기 위하여 확인적 요인분석을 실시하였다. 본 연구에서는 원척도의 연구 결과에 근거하여 한국판 PMAS의 내적 구조를 파악하기 위하여 Hendy 등(2008)의 요인분석 결과를 근거로 9요인 모델로 확인적 요인분석을 실시하였고, 그 결과 설명할 수 있는 총 변량은 56.32%로 나타났다. 모델의 합치도는 RMSEA .034, TLI는 .905, GFI는 .924로 원척도의 9요인 모델은 PMAS의 적합한 모델인 것으로 나타났다.

각 하위 척도의 요인명과 해당되는 문항은 〈표 2-2〉와 같다.

〈표 2-2〉 PMAS의 하위 척도와 해당 문항

	요 인	문 항
1	간식 제한(Snack Limit)	25, 26, 27
2	섭취 주장(Insistence on Eating)	28, 29, 30
3	과일 채소 섭취(Daily FV Availiable)	17, 19, 20
4	긍정적 설득(Postive Persuasion)	13, 14, 15
5	보상 사용(Use of Reward)	1, 6, 7, 8
6	부모의 간식 섭취(Snack Modeling)	21, 22, 23
7	음식의 다양성(Many Food Choices)	4, 5, 9, 10
8	저지방식(Fat Reduction)	12, 18, 24
9	특식 제공(Special Meal)	2*, 3, 11, 31*

* 역채점 문항

(2) 신뢰도검증

① 내적 합치도

검사도구의 신뢰도 검증을 위하여 내적 합치도 계수를 산출하였다. PMAS의 전체 31개 문항과 하위 척도의 내적 합치도를 알아보기 위하여 Cronbach Alpha 계수를 산출하였다. 그 결과 총 문항의 합치도 계수는 .71로 나타났으며, 각 하위 척도의 합치도 계수는 〈표 2-3〉과 같다.

〈표 2-3〉 PMAS의 요인별 합치도 계수

	요 인	합치도 계수
1	간식 제한(Snack Limit)	.847
2	섭취 주장(Insistence on Eating)	.761
3	과일 채소 섭취(Daily FV Availiable)	.658
4	긍정적 설득(Postive Persuasion)	.662
5	보상 사용(Use of Reward)	.655
6	부모의 간식 섭취(Snack Modeling)	.681
7	음식의 다양성(Many Food Choices)	.548
8	저지방식(Fat Reduction)	.555
9	특식 제공(Special Meal)	.168

② 검사－재검사 신뢰도

내적 합치도와 함께 검사가 시간적 안정성을 나타내는지 알아보기 위하여 평균 4주에서 8주 간격으로 50명의 응답자를 대상으로 재검사를 실시하였다. 두 시점의 측정치들에 대하여 상관분석을 실시한 결과, 각 요인 간의 평균 상관계수는 .83으로 나타났다. 이는 검사가 시간적 안정성을 가지고 있음을 보여준다.

〈표 2-4〉 PMAS 요인별 상관계수

	요 인	상관계수
1	간식 제한(Snack Limit)	.616
2	섭취 주장(Insistence on Eating)	.823
3	과일 채소 섭취(Daily FV Availiable)	.810
4	긍정적 설득(Postive Persuasion)	.637
5	보상 사용(Use of Reward)	.655
6	부모의 간식 섭취(Snack Modeling)	.646
7	음식의 다양성(Many Food Choices)	.616
8	저지방식(Fat Reduction)	.817
9	특식 제공(Special Meal)	.329

(3) 타당도검증

① 수렴타당도

검사의 수렴타당도를 검증하고자 아동의 섭식행동을 설명하는 K-CEBI와 K-CBCL의 해당 문항과의 상관 분석을 실시하였다.

먼저 K-CEBI가 PMAS에서 측정하는 내용과 유사한 내용을 가진 문항으로, 아동이 섭취하는 음식의 종류나 아동의 식사에 부모가 개입하는 정도 등을 설명하는 문항을 추출하였다. 이는

3. 아이가 먹지 않으면 내가 먹인다.
7. 우리 아이는 먹지 말아야 할 음식을 달라고 한다.
8. 우리 아이는 나이에 맞게 혼자 먹는다.
16. 우리 아이는 집에서 먹지 말아야 할 음식을 먹는다.

이며, 해당 문항과 PMAS 요인과의 상관관계는 〈표 2-5〉와 같다.

또한, 유아용 및 아동용 K-CBCL에서 섭취와 관련된 문항을 선택

〈표 2-5〉 K-CEBI와의 상관관계

	요 인	CEBI-3	CEBI-7	CEBI-8	CEBI-16
1	간식 제한(Snack Limit)	.089*			
2	섭취 주장(Insistence on Eating)	.262**		-.187**	.085*
3	과일 채소 섭취(Daily FV Availiable)	.253**	.077*		
4	긍정적 설득(Postive Persuasion)			.100**	
5	보상 사용(Use of Reward)				
6	부모의 간식 섭취(Snack Modeling)		.237**	-.074*	.227**
7	음식의 다양성(Many Food Choices)	.297**	.150**	-.105**	.145**
8	저지방식(Fat Reduction)	-.167**		.155**	
9	특식 제공(Special Meal)	-.077*		-.077*	

** $p<.01$, * $p<.05$

〈표 2-6〉 K-CBCL과의 상관관계

	요 인	9	24	31	49	61
1	간식 제한(Snack Limit)					-.157**
2	섭취 주장(Insistence on Eating)		.223**		-.149*	.211**
3	과일 채소 섭취(Daily FV Availiable)					
4	긍정적 설득(Postive Persuasion)					
5	보상 사용(Use of Reward)					
6	부모의 간식 섭취(Snack Modeling)	.210**	.132*			
7	음식의 다양성(Many Food Choices)			.140*		
8	저지방식(Fat Reduction)		-.171**			-.202**
9	특식 제공(Special Meal)					.155*

** $p<.01$, * $p<.05$

하여 상관관계를 분석하였다. 먼저, 유아용 CBCL에서 섭취와 관련된 문항은 모두 5개로 그 내용은 다음과 같다.

5. 먹을 수 없는 것들을 씹는다.
24. 잘 안 먹는다.

31. 먹는 것이 아닌 것을 먹거나 마신다.
49. 음식을 지나치게 많이 먹는다.
61. 음식을 먹으려 하지 않는다.

위의 문항과 PMAS 요인과의 상관관계는 〈표 2-6〉과 같다.

2. 한국형 아동 섭취행동 질문지(K-CEBQ)의 표준화 연구[3]

Wardle과 그의 동료들(2001)에 의해 개발된 아동 섭취 행동 질문지(Children's Eating Behavior Questionnaire; 이하 CEBQ)는 부모가 평가하는 척도로서 만 2세에서 9세까지의 아동들에게 사용되며 음식에 대한 반응(Food responsiveness), 음식에 대한 선호(Enjoyment of food), 음료 섭취(Desire to drink), 배부름에 대한 민감도(Satiety responsiveness), 식사 속도(Slowness in eating), 감정에 따른 섭취(Emotional undereating/overeating), 편식(Food Fussiness) 등을 평가한다. CEBQ에서 측정하는 위의 요인들은 기존 연구들을 통해 아동의 체중을 예측하는 데 유용한 것으로 알려져 있다(Viana, Sinde, & Saxton, 2008; Sleddens, Kremers, & Thijs, 2008; Webber, Hill, Saxton, Van Jaarsveld, & Wardle, 2008). CEBQ는 영국(Carnell &Wardle, 2008), 포르투갈(Viana, Sinde, & Saxton, 2008), 네덜란드(Sleddens, Kremers, & Thijs, 2008) 등 여러 국가에서 표준화 과정을 통해, 타당도와 신뢰도를 검증받은 척도로서 아동의 섭취문제를 신뢰 있고 타당하게 선별하는 검사 도구로 평가 받고 있다. 또한 국외에서는 아동의 섭취 행동을 측정하는 데 다양한 연구에서

---

3) 정경미, 주정현(2012). 한국형 아동 섭취행동 질문지(K-CEBQ)의 표준화 연구. 한국심리학회지: 건강, 17(4), 943-961.

사용되어 왔던 척도로, 아동의 체질량 지수와의 연관성(Viana et al., 2008; Powers, Chamberlin, Van Schaick, Sherman, & Whitaker, 2006; Carnell & Wardle, 2008; Webber et al., 2008), 정상아동과 과체중 아동의 비교(Powers et al., 2006; Wardle, Guthrie, Sanderson, & Plomin, 2001), 아동의 섭취 행동의 지속성과 안정성(Ashcroft, Semmler, Carnell, Van Jaarsveld, & Wardle; 2007) 등의 연구에서 사용되어 왔다. 따라서 국내에서 사용할 경우 섭취문제를 가지고 있는 아동의 선별은 물론 임상적 · 연구적 · 교육적 도구로도 유용하게 사용될 것으로 기대된다.

본 연구의 목적은 아동의 섭취문제 평가를 위한 아동 섭취행동 질문지(CEBQ)를 한국 상황에 맞게 번안하여 타당도와 신뢰도를 검증한 후 국내에서 사용할 수 있도록 표준화하는 것이다.

1) 연구절차 및 분석방법

(1) 연구 대상

전국의 어린이집, 보육원, 유치원 등과 서울 소재의 초등학교 그리고 어머니들의 정보 공유를 위해 인터넷에 개설된 양육정보 공유 사이트를 통하여 2009년부터 2011년까지 2년 동안 정상 발달하는 만 2세부터 9세 아동의 부모 209명을 대상으로 자료가 수집되었다. 본 연구에서는 전체 문항 중 응답하지 않은 문항이 있거나 성별 · 연령 등의 기본정보가 기입되지 않은 자료를 제외한 총 687부를 분석에 사용하였다. 타당도 검증을 위해 K-CEBI와 K-CBCL를 함께 실시하였으며, 이 중 45명은 신뢰도 측정을 위하여 4주 후 재검사를 실시하였다. 모집된 아동의 평균 연령은 5.46(SD=2.4)세이며, 남아 347명

〈표 2-7〉 CEBQ 설문 참여 아동의 연령 및 성별 특성

	사례 수(명)	남 아	여 아	비율(%)
전 체	687	347	340	100
연 령				
2세	125	69	56	18.2
3세	114	62	52	16.6
4세	112	56	56	16.3
5세	84	39	45	12.2
6세	43	20	23	6.3
7세	66	31	35	9.6
8세	53	26	27	7.7
9세	90	44	46	13.1

(50.5%), 여아 340명(49.5%)이었다.

(2) 연구 도구

① 아동 섭취행동 질문지(Children Eating Behavior Questionnaire; CEBQ)

아동 섭취행동 질문지는 Brislin(1970)이 제언한 절차를 따라 번안하였으며 그 과정은 다음과 같다. 먼저 영국의 CEBQ 원저자에게 검사 사용에 대한 허락을 받은 후 연구자가 일차적으로 한국어 번역을 하였다. 그 다음으로 영어를 모국어로 쓰는 임상심리학 전공 석사가 역번역을 한 후, 임상심리 전문가가 번역에 대한 타당성을 검토하였다. 마지막으로 국어국문학 전공 박사가 윤문을 한 다음, 연구자는 윤문 받은 것과 받기 전의 것을 비교하여 달라진 점이 없는지 확인한 후 한국판 아동 섭취행동 질문지를 제작하였다.

검사 신뢰도는 원저자의 연구에서는 하위 척도의 합치도 계수가 .71~.91로 나타났으며, 본 연구에서는 총 문항의 합치도 계수는 .83

으로 나타났다.

② **아동 섭식행동 검사**(Korean Children's Eating Behavior Inventory; K-CEBI)

공존 타당도를 검증하기 위해 Archer 등(1991)이 개발하고 김혜진, 정경미, 박미정(2008)이 표준화한 아동 섭식행동검사(K-CEBI)를 본 연구에서 사용하였다. 본 척도는 만 1세에서 만 12세의 자녀를 양육하는 부모를 대상으로 부모 보고에 기초하여 아동의 섭식문제의 실태를 조사한다. 각 문항은 1점부터 5점까지 채점되고, 전체 문항은 김혜진, 정경미, 박미정(2008)의 연구에서 요인분석을 통해 선정된 27문항이 사용되었다. 본 척도의 하위 요인은 식사 중 부모의 스트레스, 전반적 식사문제, 식사 시 문제행동, 상차림 돕기, 금지식품 섭취에 관한 5가지 영역으로 구성되어 있으며 검사 신뢰도는 김혜진, 정경미, 박미정(2008)의 연구에서 .86으로, 본 연구에서는 .72로 나타났다.

③ **한국판 유아용행동평가 척도**(Korean Child Behavior Checklist Preschool; 유아용 K-CBCL) **및 한국판 아동-청소년 행동평가 척도**(Korean Child Behavior Checklist; 아동-청소년용 K-CBCL)

본 연구에서 CEBQ의 타당화 작업을 위하여 만 2세부터 5세 미만 유아의 부모 보고 검사로는 Achenbach와 Rescorla(2000)가 개발한 유아용 행동평가 척도(CBCL for 1.5~5 ages)를 오경자, 김영아(2008)가 번역하여 타당화한 한국판 유아용 행동평가 척도(유아용 K-CBCL) 중에서 섭식과 관련된 문항을 추출하여 사용하였다. 유아용 K-CBCL은 총 99문항으로 부모 또는 보호자의 '아니다'는 0점, '약간 혹은 때때로' 1점, '매우 혹은 종종' 2점의 3점 평정척도로 평가한다. 유아용 K-CBCL 중 섭취문제를 묻고 있는 문항은 총 5문항으로, 제대로 된 종류의 음식을 섭취하는지, 음식 섭취의 양이 적절한지를 측정하고 있다.

만 5세 이상의 아동의 경우에는, 오경자, 이혜련, 홍강의, 하은혜(1997)가 Achenbach(1991)의 아동-청소년 행동평가 척도(CBCL: Child Behavior Checklist)를 우리나라 실정에 맞게 번안하여 표준화한 한국판 아동-청소년 행동평가 척도(아동-청소년용 K-CBCL)를 사용하였다. 아동-청소년용 K-CBCL은 유아용과 마찬가지로 아동의 부모 혹은 주요 양육자가 아동에 대하여 3점 리커트 방식으로 문항에 답하도록 되어 있으며 총 112문항으로 이루어져 있다. 이 중 섭취문제를 묻고 있는 문항은 총 5문항으로, 그 내용은 유아용 K-CBCL과 유사하다.

④ 섭식 관련 질문지

아동의 섭취 실태를 조사하기 위하여, 김혜진, 정경미, 박미정, 최연호(2008)의 연구에서 사용한 아동 섭취 관련 설문지를 이어진, 정경미, 진혜경(2010)이 수정 및 보안한 것을 사용하였다. 본 척도의 모든 문항은 기존 문헌들을 검토하여 제작되었고 특히 아동의 섭식문제 종류는 Babbit, Hoch와 Coe(1994)의 연구에 기초하여 기술적인 특징들을 중심으로 분류하였다. 만 1세에서 12세의 아동을 양육하고 있는 부모가 응답하는 설문지로, 아동이 나타내는 섭식문제의 특징을 부모의 주관적 판단에 기초하여 질적으로 파악하는 문항들로 구성되어 있다. 총 문항은 5개로 구성되었고, 섭식문제 유무와 종류, 아동의 섭식문제에 대한 양육자의 대처행동과 생각, 전문적인 도움의 필요 여부에 대한 내용을 다루고 있다.

(3) 분석 방법

본 연구의 통계분석은 SPSS 15.0 for windows와 Mplus를 사용하여 다음과 같이 실시되었다. 먼저, 확인적 요인 분석을 통하여 아동 섭취행동 질문지의 요인 구조의 모델적합성을 파악하였다. 둘째, 각 문항이 해당 요인의 총점을 제대로 예측하는지를 알아보기 위하여 문항별 상관분석을 실시하였다. 셋째, 검사도구의 신뢰도 검증을 위하여 내적 합치도 계수인 Cronbach Alpha를 산출하고 검사-재검사 신뢰도를 산출하기 위하여 척도를 두 번 실시한 결과의 상관계수를 산출하였다. 넷째, 검사의 수렴타당도를 검증하고자 비슷한 요인을 측정하고 있는 K-CEBI와 K-CBCL의 해당 문항과의 상관분석을 실시하였다.

2) 연구 결과

(1) 요인분석

요인분석 한국판 CEBQ의 내적 구조를 파악하기 위하여 확인적 요인분석을 실시하였다. 원척도 개발 논문인 Wardle(2001)의 연구에서 제시된 것과 같은 8개의 요인구조가 적합한 것인지를 파악하고자 하였으며, 모델합치도는 Chi square=2106.213(df=107, p<.001), TLI=.898, CFI=950, RMSEA=.147로 비교적 적합한 모델인 것으로 드러났다.

(2) 문항별 상관분석

한국판 CEBQ의 각 문항이 해당 요인의 총점을 제대로 예측하는지 알아보기 위하여 문항별 상관 분석을 실시하였다. CEBQ의 문항은 음식에 대한 접근성(food approach)과 음식에 대한 회피(food avoidant)의 두 가지 내용으로 나눌 수 있는데(Viana et al., 2008), 이에 따라 각 문항이 해당되는 내용의 총점을 제대로 예측하는지 알아보았다. 분석 결과, 모든 문항의 상관분석 결과는 통계적으로 유의하였고($p<.01$), 상관 정도가 높게 나타났다($r>.3$). 역상관이 나타나는 문항은 총 5문항으로 2, 8, 10, 11, 12번이 이에 해당되었으며, 이는 원척도에 제시된 바(Wardle, 2001)와 같이 역채점을 하였을 경우 각 총점과 정적 상관을 보였다. 각 문항과 총점의 상관계수는 〈표 2-8〉에 제시되어 있다.

(3) 신뢰도 측정

① 내적 합치도

CEBQ의 전체 문항과 하위 척도별 내적 일치도를 알아보기 위하여 Cornbach Alpha 계수를 산출하였다. 그 결과 전체 문항의 합치도 계수는 .83로 나타났으며, 각 요인별 합치도 계수는 〈표 2-9〉에 제시되어 있다.

② 검사-재검사 신뢰도

이와 함께 검사가 시간적 안정성을 나타내는지 알아보기 위하여 평균 4주에서 8주 간격으로 43명의 응답자를 대상으로 재검사를 실시하였다. 두 시점의 측정치들에 대해서 상관 분석을 실시한 결과 총

〈표 2-8〉 CEBQ 개별 문항과 총점과의 상관

문항	내 용	음식에 대한 접근성	음식에 대한 회피
1	쉽게 배불러 한다		.59**
2	식욕이 왕성하다	.55**	-.53**
3	식사 때 음식을 남긴다		.68**
4	식사를 마치기 전에 배불러 한다		.70**
5	식사 직전에 간식을 먹으면 식사를 할 수 없다		.64**
6	천천히 먹는다		.64**
7	식사를 마치는 데 30분 이상 걸린다		.69**
8	매우 빨리 먹는 편이다		-.37**
9	식사시간 동안 먹는 속도가 점점 느려진다		.71**
10	새로운 음식을 맛보는 것을 즐긴다		-.48**
11	다양한 음식을 즐긴다		-.54**
12	새로운 음식을 맛보는 데 흥미를 느낀다		-.51**
13	처음에는 새로운 음식을 거부한다		.60**
14	음식을 맛보려 하지 않고 음식을 싫어 한다		.67**
15	현재의 식사에 만족하지 못한다		.59**
16	항상 음식을 달라고 한다	.67**	
17	그냥 두면, 항상 음식을 먹을 것이다	.71**	
18	그냥 두면, 하루 종일 먹을 것이다	.69**	
19	그냥 두면, 너무 많이 먹을 것이다	.71**	
20	배가 불러도, 좋아하는 음식은 먹으려고 한다	.63**	
21	먹는 것을 즐긴다	.73**	
22	음식을 좋아한다	.70**	
23	음식에 흥미가 있다	.65**	
24	식사 시간을 기대한다	.59**	
25	마실 것이 허용되면, 항상 그것을 마실 것이다	.61**	
26	마실 것이 허용되면, 하루 종일 계속해서 마실 것이다	.58**	
27	항상 마실 것을 달라고 한다	.54**	
28	기분이 나쁠 때 더 적게 먹는다		.62**
29	화가 날 때 더 적게 먹는다		.63**
30	피곤할 때 더 적게 먹는다		.59**
31	행복할 때 더 많이 먹는다		.35**
32	불안할 때 더 많이 먹는다	.40**	
33	짜증날 때 더 많이 먹는다	.41**	
34	걱정이 있을 때 더 많이 먹는다	.41**	
35	달리 할 일이 없을 때 더 많이 먹는다	.46**	

** $p<.01$

〈표 2-9〉 CEBQ의 내적 합치도

	문항 수	Cronbach α
음식에 대한 접근성	16	.88
음식에 대한 회피	19	.89
요인1	4	.84
요인2	6	.89
요인3	4	.86
요인4	5	.87
요인5	3	.84
요인6	5	.90
요인7	5	.85
요인8	3	.80

〈표 2-10〉 CEBQ의 검사-재검사 신뢰도

	문항 수	상관계수
음식에 대한 접근성	16	.76**
음식에 대한 회피	19	.84**
요인1	4	.28*
요인2	6	.84**
요인3	4	.49**
요인4	5	.81**
요인5	3	.69**
요인6	5	.51**
요인7	5	.79**
요인8	3	.76**

** $p<.01$, * $p<.05$

문항의 상관계수는 .89로 나타났다. 각 신뢰도 계수는 〈표 2-10〉에 제시되어 있다.

(4) 타당도 분석

한국판 CEBQ의 타당도를 확인하기 위하여 CEBI의 하위 문항 중 비슷한 내용을 측정하고 있는 요인(전반적 식사문제, 식사 시 문제행동, 금지식품 섭취)을 추출하여 CEBQ 접근, 회피 총점과의 상관을 알아보았으며 그 결과가 〈표 2-11〉에 제시되어 있다.

K-CEBI의 경우 섭식문제, 즉 잘 먹지 않는 행동을 주로 측정하고 있으며, CEBQ의 회피 문항의 내용과 비슷한 내용을 다루고 있다. 이에 대한 부모 스트레스와 총점이 높은 상관을 보이는 것으로 나타났다.

또한 K-CBCL에서 아동의 섭취행동에 대해 다루고 있는 문항을

〈표 2-11〉 K-CEBI와의 상관관계

	접 근	회 피
식사 중 부모 스트레스		467**
전반적 식사문제	-.269**	
식사 시 문제행동	-.138**	.153**
상차림 돕기		.353**
금지식품 섭취	.210**	.269**
총 점	-.127**	.530**

** $p<.01$, * $p<.05$

〈표 2-12〉 유아용 CBCL과의 상관 분석

	접 근	회 피
9. 먹을 수 없는 것들을 씹는다		
24. 잘 안 먹는다	-.237**	.555**
31. 먹는 것이 아닌 것을 먹거나 마신다		
49. 음식을 지나치게 많이 먹는다	.458**	
61. 음식을 먹으려 하지 않는다	-.174**	.457**

** $p<.01$, * $p<.05$

〈표 2-13〉 아동 청소년용 K-CBCL과의 상관관계

	접 근	회 피
24. 잘 안 먹는다	-.257**	.463**
28. 먹어서는 안 될 것(흙, 종이 등)을 먹거나 마신다	.161**	
53. 음식을 지나치게 많이 먹는다	.547**	
55. 체중이 너무 나간다	.478**	

** $p<.01$, * $p<.05$

추출하여 이에 대한 상관분석을 실시하였다. 유아용 K-CBCL에서 아동의 섭취행동을 다루고 있는 문항은 총 5개의 문항으로 그 문항은 〈표 2-12〉와 같다.

유아용 K-CBCL과의 상관분석 결과를 살펴보면, 잘 안 먹는다(24), 음식을 먹으려 하지 않는다(61)와 같이 회피의 내용을 다루고 있는 문항과는 회피점수와의 높은 정적 상관이, 음식을 지나치게 많이 먹는다(49)와 같이 접근의 내용을 다루고 있는 문항과는 접근점수와의 높은 정적 상관이 나타났다. 그러나 먹을 수 없는 것들을 씹는다(9), 먹는 것이 아닌 것을 먹거나 마신다(31)와 같이 부적절한 종류의 음식 섭취를 다루는 문항과는 통계적으로 유의한 상관이 나타나지 않았다.

또한 만 5세 이상의 아동들을 대상으로 한 아동용 CBCL에서 섭취 문제를 다루는 문항은 총 4개로, 그 내용과 상관계수는 〈표 2-13〉과 같다.

3. 아동 섭식행동 질문지(K-CFQ)의 표준화 연구[4)]

Birch와 그의 동료들(2001)이 개발한 아동 섭식행동 질문지(Children

4) 현재 한국심리학회지: 건강 논문심사 중.

Feeding Questionnaire; 이하 CFQ)는 부모의 아동을 먹이는 것에 대한 믿음과 태도와 아동의 체중경향성을 평가하는 척도로 만 2세에서 11세까지 아동들에게 사용되며, 책임감 인지(Perceived responsibility), 부모 체중 인지(Perceived parent weight), 아동 체중 인지(Perceived child weight), 아동 체중에 대한 걱정(Concern about child weight), 제한(Restriction), 섭식에 대한 압력(Pressure to eat), 모니터링(Monitoring) 등을 평가한다. 이와 같이 부모의 아동의 섭식에 대한 태도를 다양한 측면을 측정하는 CFQ는 미국(Birch, Fisher, Grimm-Thomas, Markey, Sawyer, & John- son, 2001), 오스트레일리아(Corsini, Danthiir, Kettler, & Wilson, 2008), 일본(Geng et al., 2009) 등 여러 국가에서 요인분석을 통해 안정적인 구조임을 검증받은 척도로서 부모의 행동을 신뢰 있고 타당하게 선별하는 검사 도구로 평가 받고 있다. 따라서 국내에서 사용할 경우 섭식문제를 가지고 있는 아동의 선별은 물론 임상적 · 연구적 · 교육적 도구로도 유용하게 사용될 것으로 기대된다.

본 연구의 목적은 아동의 섭취문제 평가를 위한 아동 섭식행동 질문지(CFQ)를 한국 상황에 맞게 번안하여 타당도와 신뢰도를 검증한 후 국내에서 사용할 수 있도록 표준화하는 것이다.

1) 연구절차 및 분석방법

(1) 연구대상

전국의 어린이집, 보육원, 유치원 등과 서울 소재의 초등학교 그리고 어머니들의 정보 공유를 위해 인터넷에 개설된 양육정보 공유 사이트를 통하여 설문을 수집하였다. 2010년 7월부터 2011년 1월까지

〈표 2-14〉 CFQ 설문 참여 아동의 연령 및 성별 특성

	사례 수(명)	남 아	여 아	비율(%)
전 체	612	311	301	100
연 령				
2세	79	47	32	12.9
3세	95	52	43	15.5
4세	81	41	40	13.2
5세	61	30	31	10.0
6세	30	13	17	4.9
7세	53	26	27	8.7
8세	49	25	24	8.0
9세	83	39	44	13.6
10세	41	22	19	6.7
11세	40	16	24	6.5

전국의 정상 발달하는 만 2세부터 11세 아동을 둔 부모를 대상으로 하였으며, 총 722명의 자료 중 본 연구에서는 전체 문항 중 응답하지 않은 문항이 있거나, 성별 · 연령 · 키 · 몸무게 등 기본정보가 기입되지 않은 자료를 제외한 612명의 자료를 사용하였다. 이 중 45명은 신뢰도 측정을 위하여 4주 후 재검사를 실시하였다. 모집된 아동의 평균 연령은 5.9(표준편차=2.9)세이며, 남아 311명(50.8%), 여아 301명(49.2%)이다.

(2) 연구도구

본 연구에 사용된 설문지는 다음과 같다.

① 아동 섭식행동 질문지(Children Feeding Questionnaire; CFQ)

아동 섭식행동 질문지는 Birch, Fisher, Grimm-Thomas, Markey,

Sawyer와 Johnson(2001)에 의하여 개발된 평가 척도로, 아동의 섭취 문제에 대한 부모의 생각, 태도 그리고 섭식과 관련한 부모의 실제 행동을 측정하기 위해 개발되었다.

아동 섭취행동 질문지의 번안 과정은 다음과 같다. 먼저 미국의 CFQ 원저자에게 검사 사용에 대한 허락을 받은 후 한국어와 영어를 이중 모국어로 습득한 대학원생이 일차적으로 각 문항을 한국어로 번역하였다. 그 다음으로 영어를 모국어로 쓰는 임상심리학 전공 석사가 역번역을 한 후, 임상심리 전문가가 번역에 대한 타당성을 검토하였다. 마지막으로 국어국문학 전공 박사가 윤문을 한 다음, 연구자는 윤문 받은 것과 받기 전의 것을 비교하여 달라진 점이 없는지 확인한 후 한국판 아동 섭취행동 질문지를 제작하였다. 검사 신뢰도는 원저자의 연구에서는 하위 척도의 내적 일치도 계수가 .70~.92로 나타났으며, 본 연구에서는 하위 척도의 내척일치도 계수가 .72~.93으로 나타났다.

② **아동 섭식행동 검사**(Korean Children's Eating Behavior Inventory; K-CEBI)

공존 타당도를 검증하기 위해 Archer 등(1991)이 개발하고 김혜진, 정경미, 박미정(2008)이 표준화한 아동 섭식행동 검사(K-CEBI)를 본 연구에서 사용하였다. 본 척도는 만 1세에서 만 12세의 자녀를 양육하는 부모를 대상으로 부모 보고에 기초하여 아동의 섭식문제의 실태를 조사한다. 총 27개의 문항으로 각 문항은 1점부터 5점까지 채점된다. 본 척도의 하위 요인은 식사 중 부모의 스트레스, 전반적 식사 문제, 식사 시 문제행동, 상차림 돕기, 금지식품 섭취에 관한 5가지 영역으로 구성되어 있으며 검사 내적 합치도는 김혜진, 정경미, 박미정(2008)의 연구에서 .85로, 본 연구에서는 .70으로 나타났다.

③ **한국판 유아용 행동평가 척도**(Korean Child Behavior Checklist Preschool; 유아용 K-CBCL) **및 한국판 아동—청소년 행동평가 척도**(Korean Child Behavior Checklist; 아동-청소년용 K-CBCL)

본 연구에서 CEBQ의 타당화 작업을 위하여 만 2세부터 5세 미만의 유아의 부모 보고 검사로는 Achenbach와 Rescorla(2000)가 개발한 유아용 행동평가 척도(CBCL for 1.5~5 ages)를 오경자, 김영아(2008)가 번역하여 타당화한 한국판 유아용 행동평가 척도(유아용 K-CBCL) 중에서 섭식과 관련된 문항을 추출하여 사용하였다. 유아용 K-CBCL은 총 99문항으로 부모 또는 보호자의 '아니다'는 0점, '약간 혹은 때때로'는 1점, '매우 혹은 종종'은 2점의 3점 평정척도로 평가하였다. 유아용 K-CBCL 중 섭취문제를 묻고 있는 문항은 총 5문항으로, 제대로 된 종류의 음식을 섭취하는지 음식 섭취의 양이 적절한지를 측정하고 있다. 본 연구에서는 총 문항의 합치도 계수는 .95로 나타났다.

만 5세 이상의 아동의 경우에는, 오경자, 이혜련, 홍강의, 하은혜(1997)가 Achenbach(1991)의 아동—청소년 행동평가 척도(CBCL: Child Behavior Checklist)를 우리나라 실정에 맞게 번안하여 표준화한 한국판 아동-청소년 행동평가 척도(아동-청소년용 K-CBCL)를 사용하였다. 아동-청소년용 K-CBCL은 유아용과 마찬가지로 아동의 부모 혹은 주요 양육자가 아동에 대하여 3점 리커트 방식으로 문항에 답하도록 되어 있으며 총 112문항으로 이루어져 있다. 이 중 섭취문제를 묻고 있는 문항은 총 4문항으로, 그 내용은 유아용 K-CBCL과 유사하다. 본 연구에서는 총 문항의 합치도 계수는 .94로 나타났다.

(3) 분석 방법

본 연구의 통계분석은 SPSS 18.0 for windows와 M-plus를 사용하여 다음과 같이 실시되었다. 먼저, 확인적 요인 분석을 통하여 아동 섭취행동 질문지의 요인 구조의 모델적합성을 파악하였다. 둘째, 각 문항이 해당 요인의 총점을 제대로 예측하는지를 알아보기 위하여 문항별 상관분석을 실시하였다. 셋째, 검사도구의 신뢰도 검증을 위하여 내적 합치도 계수인 Cronbach Alpha를 산출하고 검사-재검사 신뢰도를 산출하기 위하여 척도를 두 번 실시한 결과의 상관계수를 산출하였다. 넷째, 검사의 수렴타당도를 검증하고자 비슷한 요인을 측정하고 있는 K-CEBI와 K-CBCL의 해당 문항과의 상관분석을 실시하였다.

2) 연구 결과

(1) 요인분석

한국판 CFQ의 내적 구조를 파악하기 위하여 확인적 요인분석을 실시하였다. 원척도 개발 논문인 Birch 등(2001)의 연구에서 제시된 것과 같은 7개의 요인구조가 적합한 것인지를 파악하고자 하였다. 총 31문항 중 아동의 나이가 맞지 않아 분석에 추가할 수 없는 11, 12, 13 문항을 빼고 28문항이 분석되었다. 모델합치도는 Chi square=1787.666(df=329, p<.001), TLI=.819, CFI=792, RMSEA=.085인 것으로 드러났다. 문항 중 상관관계가 높은 문항 때문에 생기는 오류를 수정하기 위해 17·18번, 21·22번, 23·24번 문항의 Error Covariance를 지정하고 다시 분석한 결과 모델합치도는 Chi square=

〈표 2-15〉 CFQ의 하위 척도와 해당 문항

	요 인	문 항
1	책임감 인지(Perceived responsibility)	1, 2, 3
2	부모 체중 인지(Perceived parent weight)	4, 5, 6, 7
3	아동 체중 인지(Perceived child weight)	8, 9, 10
4	아동 체중에 대한 걱정(Concern about child weight)	14, 15, 16
5	제한(Restriction)	17, 18, 19, 20, 21, 22, 23, 24
6	섭식에 대한 압력(Pressure to eat)	25, 26, 27, 28
7	모니터링(Monitoring)	29, 30, 31

847.242(df=326, p<.001), TLI=.935, CFI=925, RMSEA= .051로 원척도의 7요인 모델은 적합한 모델임을 보여주었다.

각 하위 척도의 요인명과 해당되는 문항은 〈표 2-15〉와 같다.

(2) 신뢰도검증

① 내적 합치도

검사도구의 신뢰도 검증을 위하여 내적 합치도 계수를 산출하였다. 분석에 들어간 CFQ의 문항 28개와 하위 척도의 내적 합치도를 알아

〈표 2-16〉 CFQ의 요인별 합치도 계수

	요 인	문항 수	합치도 계수
1	책임감 인지(Perceived responsibility)	3	.724
2	부모 체중 인지(Perceived parent weight)	4	.717
3	아동 체중 인지(Perceived child weight)	3	.833
4	아동 체중에 대한 걱정(Concern about child weight)	3	.795
5	제한(Restriction)	8	.833
6	섭식에 대한 압력(Pressure to eat)	4	.765
7	모니터링(Monitoring)	3	.926
분석 총 문항		28	.828

보기 위하여 Cronbach Alpha 계수를 산출하였다. 그 결과 총 문항의 합치도 계수는 .83으로 나타났으며, 각 하위 척도의 합치도 계수는 〈표 2-16〉과 같다.

② 검사-재검사 신뢰도

내적 합치도와 함께 검사가 시간적 안정성을 나타내는지 알아보기 위하여 4주에서 8주 간격으로 45명의 응답자를 대상으로 재검사를 실시하였다. 두 시점의 측정치들에 대해서 상관 분석을 실시한 결과 총 문항의 상관계수는 .50으로 나타났다. 하위 척도 중에 모니터링에서 비교적 낮은 검사-재검사 신뢰도를 보였으나, 전반적으로 각 하위 척도에서 높은 신뢰도를 보여, 검사가 시간에 따라 안정적인 속성을 지니고 있는 것으로 보인다. 각 신뢰도 계수는 〈표 2-17〉에 제시되어 있다.

〈표 2-17〉 CFQ 요인별 상관계수

요 인		문항 수	상관계수
1	책임감 인지(Perceived responsibility)	3	.500**
2	부모 체중 인지(Perceived parent weight)	4	.896**
3	아동 체중 인지(Perceived child weight)	3	.765**
4	아동 체중에 대한 걱정(Concern about child weight)	3	.807**
5	제한(Restriction)	8	.554**
6	섭식에 대한 압력(Pressure to eat)	4	.708**
7	모니터링(Monitoring)	3	.326**
분석 총 문항		28	.499**

** $p<.01$, * $p<.05$

(3) 타당도 검증

① 변별타당도

검사의 변별타당도를 검증하고자 2007년 소아 및 청소년 표준 성장도표 기준 전체 612명 중 과체중 이상인 아동이 94명, 비만 아동이 40명이었다. 각각 정상 집단과 이원변량분석을 실시하였으며, 분석 결과는 〈표 2-18〉에 제시되어 있다. CFQ 총점 비교 결과 정상 집단과의 비교에서 정상과 과체중 집단, 정상과 비만 집단 모두 유의미한 집단 차이가 나타났다.

② 수렴타당도

검사의 수렴타당도를 검증하고자 아동의 섭식행동을 설명하는 K-CEBI와 K-CBCL의 해당 문항과의 상관 분석을 실시하였다.

한국판 CFQ의 타당도를 확인하기 위하여 CEBI의 하위 요인과 CFQ의 하위 요인과의 상관을 알아보았으며 그 결과가 〈표 2-19〉에 제시되어 있다.

K-CEBI의 경우 섭식문제, 즉 잘 먹지 않는 행동을 주로 측정하고 있으며, 이는 CFQ의 모니터링 문항의 내용과 비슷한 내용을 다루고

〈표 2-18〉 정상과 과체중 집단, 정상과 비만 집단 변인에 따른 차이

	인 원	평 균	표준편차	t
				-3.412***
정 상	311	84.95	12.74	
과체중	301	89.86	13.41	
				-3.049**
정 상	572	85.28	12.69	
비 만	40	91.70	15.23	

** $p<.01$, * $p<.05$

〈표 2-19〉 K-CEBI와의 상관관계

	요 인	식사 중 부모 스트레스	전반적 식사문제	식사 시 문제행동	상차림 돕기	금지식품 섭취
1	책임감 인지 (Perceived responsibility)	.178**	-.192**			.173**
2	부모 체중 인지 (Perceived parent weight)	.257**	-.189**		.107*	.089*
3	아동 체중 인지 (Perceived child weight)					
4	아동 체중에 대한 걱정 (Concern about child weight)	-.214**	-.158**	-.098*	-.093*	
5	제한(Restriction)	-.211**	-.142**	-.138**	-.093*	
6	섭식에 대한 압력 (Pressure to eat)	.125**	-.158**			.186**
7	모니터링(Monitoring)	.495**		.179**	.194**	.139**

** $p<.01$, * $p<.05$

있다. 특히, 부모 스트레스와 높은 상관을 보이는 것으로 나타났다.

또한 유아용 및 아동용 K-CBCL에서 섭취와 관련된 문항을 선택하여 상관관계를 분석하였다. 먼저, 유아용 CBCL에서 섭취와 관련된 문항은 모두 5개로 그 내용은 다음과 같다.

9. 먹을 수 없는 것들을 씹는다.
24. 잘 안 먹는다.
31. 먹는 것이 아닌 것을 먹거나 마신다.
49. 음식을 지나치게 많이 먹는다.
61. 음식을 먹으려 하지 않는다.

위의 문항과 CFQ 요인과의 상관관계는 〈표 2-20〉과 같다.

유아용 K-CBCL과의 상관분석 결과를 살펴보면, 잘 안 먹는다(24), 음식을 먹으려 하지 않는다(61)와 같이 음식에 대한 회피 내용을 다

〈표 2-20〉 유아용 K-CBCL과의 상관관계

	요인	9	24	31	49	61
1	책임감 인지 (Perceived responsibility)					
2	부모 체중 인지 (Perceived parent weight)		-.199**		.164*	
3	아동 체중 인지 (Perceived child weight)	.171*	-.362**		.258**	-.365**
4	아동 체중에 대한 걱정 (Concern about child weight)	.173*			.324**	
5	제한(Restriction)				.165**	
6	섭식에 대한 압력(Pressure to eat)		.371**			.223**
7	모니터링(Monitoring)					-.190**

** $p<.01$, * $p<.05$

루고 있는 문항은 CFQ 하위 요인과 높은 부적 상관이, 음식을 지나치게 많이 먹는다(49)와 같이 음식에 대한 접근 내용을 다루고 있는 문항은 CFQ 하위 요인과 높은 정적 상관이 나타났다. 다만, CFQ 하위 요인 중 하나인 섭식에 대한 압력은 아동의 체중이 아닌 아동이 섭취의 걱정에 대한 문항이므로, 유아용 K-CBCL에서 음식에 대한 회피 문항과 정적 상관관계를 보였다. 또한, 먹는 것이 아닌 것을 먹거나 마신다(31)와 같이 부적절한 종류의 음식섭취를 다루는 문항과는 통계적으로 유의한 상관이 나타나지 않았다.

또한 만 5세 이상의 아동들을 대상으로 한 아동용 CBCL에서 섭취 문제를 다루는 문항은 총 4개로, 그 내용은 다음과 같다.

24. 잘 안 먹는다.
28. 먹어서는 안 될 것(흙, 종이 등)을 먹거나 마신다.
53. 음식을 지나치게 많이 먹는다.
55. 체중이 너무 나간다.

위의 문항과 CFQ 요인과의 상관관계는 〈표 2-21〉과 같다.

아동 청소년용 K-CBCL과의 상관분석 결과를 살펴보면, 잘 안 먹는다(24)와 같이 음식에 대한 회피 내용을 다루고 있는 문항은 CFQ 하위 요인과 높은 부적 상관이, 음식을 지나치게 많이 먹는다(53), 체중이 너무 나간다(55)와 같이 음식에 대한 접근 내용을 다루고 있는 문항은 CFQ 하위 요인과 높은 정적 상관이 나타났다. 다만, CFQ 하위 요인 중 하나인 섭식에 대한 압력은 아동의 체중이 아닌 섭취의 걱정에 대한 문항이므로, 아동 청소년용 K-CBCL에서 음식에 대한 회피 문항과 정적 상관관계를 보였으며, 음식에 대한 접근 문항과는 부적 상관관계를 보였다. 또한, 먹는 것이 아닌 것을 먹거나 마신다(28)와 같이 부적절한 종류의 음식섭취를 다루는 문항과는 통계적으로 유의한 상관이 나타나지 않았다.

〈표 2-21〉 아동 청소년용 K-CBCL과의 상관관계

	요 인	24	28	53	55
1	책임감 인지(Perceived responsibility)				
2	부모 체중 인지(Perceived parent weight)	-.179**			.145*
3	아동 체중 인지(Perceived child weight)	-.316**		.139*	.233**
4	아동 체중에 대한 걱정(Concern about child weight)	-.208**		.425**	.607**
5	제한(Restriction)			.121*	.151*
6	섭식에 대한 압력(Pressure to eat)	.253**		-.207**	-.149*
7	모니터링(Monitoring)				

** $p<.01$, * $p<.05$

(4) 인구통계학적 변인에 따른 차이

전체 연구 대상의 CFQ에 대한 총점 140점 중, 평균(표준편차)은 85.70(12.96)점이었으며, 점수의 범위는 44~118점이었다. 인구통계

학적 변인에 따른 차이를 알아보기 위하여 본 연구에서는 집단을 연령과 성별에 따라 나누어 이원변량분석을 실시하였다. 연령 집단은 미취학 및 취학아동으로 분류하여 분석하였고, 성별은 남아・여아에 따라 분석하였으며, 분석 결과는 〈표 2-22〉에 제시되어 있다. CFQ 총점은 성별 간 유의미한 집단 차이가 나타나지 않았으나, 연령 집단 간에는 유의미한 집단 차이가 나타났다.

〈표 2-22〉 인구통계학적 변인에 따른 차이

	인 원	평 균	표준편차	t
성 별				0.882
남 아	311	86.16	12.36	
여 아	301	85.23	13.55	
연 령				6.109***
미취학	346	88.43	11.33	
취 학	266	82.16	14.06	

** p<.01, * p<.05

4. 연구 1의 논의 및 결론

본 연구에서는 아동의 섭식과 관련된 3가지 척도, 부모의 식사 중 행동평가 척도(Parent Mealtime Action Scale; PMAS), 아동 섭취행동질문지(Children Eating Behavior Questionnaire; CEBQ), 그리고 아동 섭식 행동 질문지(Children Feeding Questionnaire; CFQ)를 우리말로 번안하여 그 신뢰도와 타당도를 알아보고, 요인구조를 알아보고자 하였다. 본 연구를 통하여 얻은 주요 결과는 다음과 같다.

첫째, 원도구의 요인구조를 근거로 확인적 요인분석을 통해 각 도구의 요인구조를 원도구와 비교해 본 결과, 적합도가 도구에 따라 다소 다르기는 하지만 받아들여질 만한 수준임이 밝혀졌다. 특히, PMAS와 CFQ의 경우는 적합도가 매우 높아서 서구와 요인구조가 거의 흡사해 국내 이용에도 적절함을 보여준다. CEBQ의 경우, 적합도 측면에서 다소 떨어지기는 하지만, 받아들여질 만한 수준으로 국내 사용에 문제가 없음을 보여준다.

둘째, 3가지 도구의 신뢰도 분석 결과를 보면 총 문항의 내적 합치도 계수는 .70보다 높아 문항 간 동질성이 높은 검사임이 확인되었다. 특히, CEBQ의 경우, 내적일치도가 매우 높아 신뢰 있는 도구임을 보여준다. PMAS의 경우 1개 하위 척도의 내적 합치도 계수가 다소 낮아, 문화적으로 다른 해석 가능성이 시사되지만, 전체 내적 합치도를 고려하면 사용에 큰 문제가 없을 것으로 판단된다. 검사-재검사 신뢰도는 모든 척도에서 전체문항뿐 아니라 각 하위 척도에서 높은 신뢰도를 보여, 검사가 시간에 따라 안정적인 속성을 지니고 있는 것으로 나타났다. 이와 같은 결과는 3가지 도구 모두가 신뢰 있는 도구임을 시사한다.

셋째, 3가지 척도의 수렴타당도를 확인하기 위해 K-CEBI와 K-CBCL의 섭식 관련 질문과 관련성을 비교해 보았다. 타당도 분석에서 보면, 섭식문제에 관한 질문으로 구성되어 있는 K-CEBI의 하위 척도와 각 척도의 하위 척도와 통계적으로 유의미한 정적상관 및 부적상관을 나타내고 있어 적절한 수준의 수렴타당도가 확인되었다. 일부 하위 척도에서는 K-CEBI의 하위 척도와는 유의한 상관관계가 나타나지 않았는데, 이는 각 척도가 측정하는 개념에서 다소 차이가 있기 때문으로 추정된다. 이와 더불어 CFQ의 경우, 과체중 집단과 비만 집단과 정상 집단이 유의미한 차이가 나는지 변별타당도를 통해 확인하였다. 이러한 결과는 3가지 섭식척도 모두가 아동의 섭식행동 그리고 그에 대한 부모의 태도와 행동을 측정하는 데 타당한 도구인 것을 뒷받침해주고 있다.

마지막으로, CFQ의 경우 연령집단과 성별로 총점 차이를 살펴본 결과 연령집단에 따라 통계적으로 유의미한 차이가 나타났다. 미취학 아동의 부모가 취학 아동의 부모에 비해 걱정하고 관여하는 태도를 보였다. 그러나 성별 간의 차이는 없는 것으로 밝혀졌다.

본 연구의 의의는 아동의 섭식 그리고 그에 대한 부모의 태도와 행동 및 관여를 평가할 수 있는 3가지 아동 섭식 관련 질문지를 번안하고, 이 도구의 신뢰도와 타당도를 검증하여 표준화하였다는 것이다. 소아 섭식장애와 비만 문제는 아동의 식습관과 관련이 높은데, 아동의 식습관이 한번 형성되면 성인기까지 계속 유지되기 때문에, 아동의 식습관에 영향을 주는 부모의 태도와 행동이 중요하다. 부모의 태도와 행동을 적절히 평가하고 이에 대한 연구를 수행하는 것이 중요하나 국내의 연구는 매우 부족한 실정인데, 이 검사의 한국형 개발이 아동의 섭식 행동과 관련된 연구를 활성화시키고 아동 섭식 행동을 평가하는 데 도움이 될 것으로 기대된다.

본 연구는 몇 가지 제한점을 가지고 있다. 우선 몇몇 연령 집단에서 피험자의 수가 적어 연령 집단을 대표할 수 있을 정도로 충분하지 않았다. 또한 CFQ의 하위 척도 중 모니터링의 검사—재검사 신뢰도가 다소 낮게 산출되어, 모든 하위 요인에서 시간에 따른 안정성이 확보되지 않았다. 그러므로 신뢰도에 대해 확인하는 작업이 필요할 것이다.

3절 연구 2: 비만도에 따른 한국형 소아청소년 섭식척도의 반응양상분석

비만의 유병률은 전 세계적으로 증가하고 있으며(Flegal, Tabak, & Ogden, 2006), 성인뿐만 아니라 소아 및 청소년의 비만의 유병률도 함께 증가하는 추세이다(Wang & Lobstein, 2006). 우리나라에서도 소아 비만은 급격히 증가하는 추세이며(강영석 외, 2009), 우리나라의 경제성장 및 생활방식의 변화, 서구화된 식습관 등은 영양과다, 잘못된 식습관 형성, 아동들의 영양 불균형 등 소아비만이 급증하는 원인으로 작용하고 있다(이지원 외, 2009).

소아청소년 시기에 과체중이거나 비만할 경우 성인이 된 이후에도 비만으로 이어질 가능성이 크고(Deckelbaum & Williams, 2001) 건강과 관련한 합병증을 동반할 수 있는 가능성이 높다. 더욱이 비만은 신체적인 영향 이외에 심리적인 요인과도 관련성을 보여, 비만 아동의 경우 정상 체중 아동보다 낮은 자존감, 부정적인 신체상을 갖고 있고(Pierce & Wardle, 1997) 신체활동이나 또래관계와 관련된 자아 효능감(Braet, Mervielde, & Vandereycken, 1996)이 다른 정상아동에 비해 낮다.

아동기의 불균형한 섭취문제를 비롯하여 비만 발생에 관여하는 요인들은 유전 등과 같은 생물학적 원인에 의하여 유발되기도 하지만, 그뿐만 아니라 불건전한 식습관이나 운동 부족, 활동량의 저하 등과 같은 환경적인 원인들이 공존하며 보다 구체적으로는 환경과 기질 간의 상호작용에 의한 것이라는 가설이 여러 연구를 통해 지지되고 있다(Burklow, Phleps, Schultz, McConnel, & Rudolph, 1998; Ramsay, 1995;

Satter, 1990). 또한 위와 같은 요인들은 가족에 의해 많이 영향을 받는데 환경적인 요소 중에서도 부모의 양육 방식이나 식사 행동 등과 같은 부모 요인은 아동의 섭취 행동에 큰 영향을 미친다(Wardle, Guthrie, Sanderson, & Rapoport, 2001; Patric & Nicklas, 2005; Ventura & Birch, 2008). 이에 소아 및 청소년 비만의 치료 시, 문제를 갖고 있는 아동을 단독으로 치료하는 것보다 그 부모나 형제 등이 치료 과정에 관여하는 가족중심적 중재가 더욱 효과적임이 밝혀진 바 있다(Epstein, Valoski, Wing, & McCurley, 1990).

국내의 한 연구에 따르면 대다수의 부모는 아동의 섭취에 불만을 느끼며 이로 인한 스트레스를 호소하고 있고, 섭취문제의 해결을 위한 전문적인 치료의 필요성을 느낀 것으로 조사되었다(김혜진 등, 2008). 소아청소년 비만의 문제가 환경적 요소 중 하나인 가족 맥락 안에서 상호작용하는 점을 감안한다면, 섭취문제를 경험하는 아동뿐만 아니라 이들 가족에 대한 탐색이 통합적으로 이루어져야 한다. 즉, 섭취문제를 경험하는 아동의 어떠한 섭취 행동이 비만과 연결되는지와 부모의 어떠한 행동이 아동의 비만에 영향을 미치는지에 대한 탐색이 필요하다. 이러한 섭취 행동에 대한 분석이 전제되어야 섭취문제에 대한 적절한 방법을 알려주는 교육이 가능할 것이며 소아청소년 비만에 대한 치료적 접근이 가능할 것이다.

소아비만의 진단 기준으로는 1999년 대한소아과학회 영양위원회 및 보건 통계위원회의에서 제시한 한국 소아의 성별·연령별 체질량지수의 백분위수를 기준으로 85~94 백분위수 이상을 과체중군으로 95 백분위수 이상을 비만군으로 정의하거나, 한국 소아의 성별·신장별 백분율 120% 이상을 비만 기준으로 흔히 사용하고 있다.

본 연구에서는 소아비만의 진단 기준으로 사용되는 체질량지수를 바탕으로 하여 연구 1에서 개발된 섭식 척도의 반응양상에 대한 정보를 얻고자 한다. 검사를 통해 아동의 섭취문제의 심각도를 결정하기 위해서는 정상 집단과 비만 집단을 변별하는 절단점에 대한 정보가 필수적이다. 본 연구에서는 연구 1에서 개발된 세 개의 섭식척도 중, 검사의 총점을 제공하는 두 개의 검사－아동 섭취행동 질문지(CEBQ), 아동 섭식 질문지(CFQ)－가 체질량지수로 구분된 정상아동과 과체중 및 비만 아동의 두 집단을 적절히 변별하는지 파악하고자 최근에 절단점을 구하는 방법으로 가장 권장되는 ROC 분석을 사용하여 절단점을 구하고자 한다. ROC 분석은 이분법적인 결과를 예측할 시 연속변인의 시각적인 분석이 가능하고, 절단점 예측치를 평가하는 데 용이한 통계 방법이다. ROC분석을 통해 어떤 하위 척도 혹은 척도의 조합이 비만 집단과 정상 집단을 효과적으로 변별할 수 있는지 알아보고, 섭식 척도에서 측정하는 내용이 비만 집단과 정상 집단을 변별하는 예측 변인인지 알아보는 과정을 통해 어떤 행동 양상이 비만에 영향을 미치는지 정보를 제공할 것이다.

본 연구의 목적은 소아청소년 비만의 진단 기준으로 사용되는 체질량지수를 바탕으로 연구 1에서 개발된 섭식척도가 비만아동과 정상아동을 구분하는 데 적절히 사용될 수 있는지 파악하는 것이다.

1. 비만도에 따른 한국형 섭취행동 질문지(K-CEBQ)의 반응 양상분석[5)]

1) 연구 절차 및 분석방법

(1) 연구 대상

전국의 어린이집, 보육원, 유치원 등과 서울 소재의 초등학교 그리고 어머니들의 정보 공유를 위해 인터넷에 개설된 양육정보 공유 사이트를 통하여 2009년부터 2011년까지 2년 동안 전국의 정상 발달하는 만 2세부터 9세 아동을 자녀로 둔 부모를 대상으로 자료가 수집되어 모두 709명의 자료가 수집되었다. 본 연구에서는 그중 신체계측 정보가 기입되지 않은 자료를 제외한 총 595부를 분석에 사용하

〈표 2-23〉 참여 아동의 연령 및 성별 특성(K-CEBQ)

	사례 수(명)	남 아	여 아	비율(%)
전 체	595	313	282	100
연 령				
2세	125	62	44	17.82
3세	114	55	43	16.47
4세	112	47	43	15.13
5세	84	35	34	11.60
6세	43	19	19	6.39
7세	66	27	31	9.75
8세	53	26	26	8.74
9세	90	42	42	14.12

5) 정경미, 주정현(2012). 한국형 아동 섭취행동 질문지(K-CEBQ)의 표준화 연구. 한국심리학회지: 건강, 17(4), 943-961.

였다. 모집된 아동의 평균 연령은 5.6(표준편차=2.5)세이며, 남아 313명(52.6%), 여아 282명(41.4%)이다.

(2) 연구 도구

① **아동 섭취행동 질문지**(Children Eating Behavior Questionnaire; CEBQ)

연구 1에서 번안된 아동섭취행동 질문지를 사용하였다. 아동 섭취행동 질문지(CEBQ)는 부모가 평가하는 척도로 만 2세에서 9세까지의 아동들에게 사용되며 음식에 대한 반응(Food responsiveness), 음식에 대한 선호(Enjoyment of food), 음료 섭취(Desire to drink), 배부름에 대한 민감도(Satiety responsiveness), 식사 속도(Slowness in eating), 감정에 따른 섭취(Emotional undereating/overeating), 편식(Food Fussiness) 등을 평가한다. CEBQ에서 측정하는 위의 요인들은 기존 연구들을 통해 아동의 체중을 예측하는 데 유용한 것으로 알려져 있다(Viana, Sinde, & Saxton, 2008; Sleddens, 2008; Webber, Hill, Saxton, Van Jaarsveld, & Wardle, 2008). 특히 음식에 대한 반응 및 음식에 대한 선호는 아동이 외부 음식에 대해 얼마나 긍정적으로 반응하는지 평가하는 것으로, 비만 아동의 경우 외부 음식에 보다 민감하게 반응하기 때문에(Jansen, Theunissen, Slechten, Nederkoorn, Boon, Mulkens, & Roefs, 2003) 과체중 또는 비만 아동들에게서 급격히 증가한다(Carnell & Wardle, 2008). 또한 음료 섭취에 대한 요인은 특히 단 음료의 섭취에 초점을 맞추고 있는데(Wardle et al., 2008), 이와 같은 음료의 섭취는 아동의 체질량지수 및 체중증가와 정적 상관을 갖고 있는 것으로 알려져 있으며(Ludwig, Peterson, & Gortmaker, 2001), 단 음료의 섭취를 제한할 경우 아동의 비만도 또한 감소한다고 한다(James, Thomas, Cavan, &

Kerr, 2004). 배부름에 대한 반응은 아동이 음식 섭취 중 내부의 배고픔 또는 배부름 신호에 얼마나 민감하게 반응하는지를 측정하는데, 비만 아동은 정상아동에 비해 낮은 수준의 민감도를 보인다(Carnell & Wardle, 2008). 또한 비만 아동들은 정상아동에 비해 식사를 빨리 마치는 것으로 알려져 있고(Webber et al., 2009), 감정적 과식은 아동의 체질량 지수와 정적 상관을, 감정적 소식은 체질량 지수와 부적 상관을 가지는 것으로 밝혀졌으며(Viana et al., 2008; Braet & Van Strein, 1997), 배고픔보다 감정적 이유에 의한 섭취는 지나친 체중 증가의 원인이 되는 것으로 알려져 있다(Webber et al., 2009).

검사 신뢰도는 원저자의 연구에서는 하위 척도의 합치도 계수가 .71~.91로 나타났으며, 본 연구에서는 총 문항의 합치도 계수는 .83으로 나타났다.

② 아동의 체질량지수 산출

아동의 신체 계측 자료인 키와 몸무게를 바탕으로 아동의 체질량지수(BMI)를 산출하였다. 가장 최근에 측정한 키와 몸무게를 자기보고식으로 기입하였으며, 검사에 참여한 아동의 평균 체질량지수는 16.4(표준편차 2.2)로 나타났다.

③ ROC 분석을 통한 민감도와 특이도 분석

본 연구에서는 아동의 성별 및 연령(2~3, 4~6, 7~9세)에 따라 집단

〈표 2-24〉 참여 아동의 체질량지수(K-CEBQ)

	표본 수	최솟값	최댓값	평균	표준편차
체질량지수	595	11.15	25.95	16.40	2.20

을 나누어 ROC 분석을 실시하였다. CEBQ의 접근 및 회피의 총 점수에 대하여 분석이 실시되었으며 그 결과는 〈그림 2-2, 3〉과 같다.

–남아

• 접근: 2~3, 4~6, 7~9세

2~3세 남아의 CEBQ 접근 점수에 대한 AUC(area under curve)는 유의하지 않았다. 4~6세 남아의 CEBQ 접근 점수에 대한 AUC는 .71(SE=.05, p<.001)이었으며, 4~9세 남아의 CEBQ 접근 점수에 대한 AUC는 .67(SE=.06, p<.01)이었다.

• 회피: 2~3, 4~6, 7~9세

2~3, 4~6, 7~9세 남아의 CEBQ 회피 점수에 대한 AUC(area under curve)는 모두 유의하지 않았다.

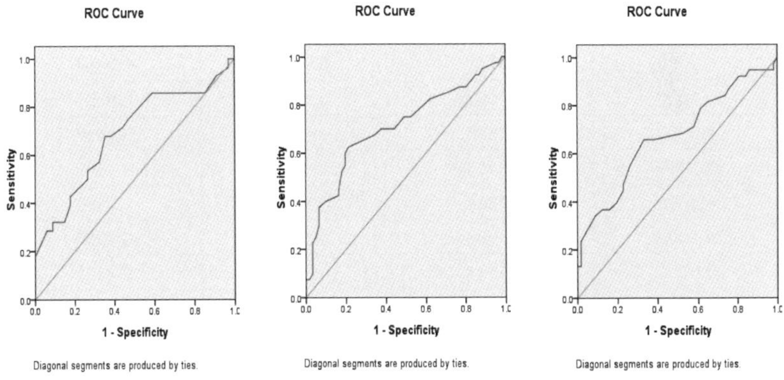

〈그림 2-2〉 2~3세 남아의 접근 점수에 대한 ROC커브(좌),
4~6세 남아의 접근 점수에 대한 ROC커브(가운데),
7~9세 남아의 접근 점수에 대한 ROC커브(우)

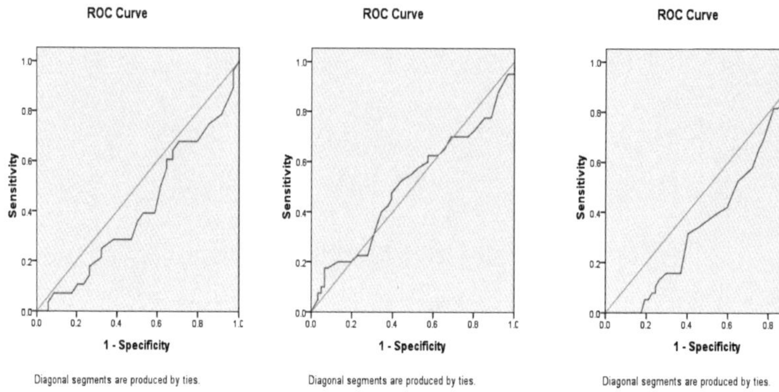

〈그림 2-3〉 2~3세 남아의 회피 점수에 대한 ROC커브(좌),
4~6세 남아의 회피 점수에 대한 ROC커브(가운데),
7~9세 남아의 회피 점수에 대한 ROC커브(우)

〈표 2-25〉 남아 CEBQ 접근 점수에 대한 민감도와 특이도

CEBQ 점수	민감도	1-특이도	특이도
16.0000	1.0000	1.0000	
17.5000	1.0000	0.9897	0.0103
18.5000	0.9832	0.9691	0.0309
19.5000	0.9748	0.9639	0.0361
20.5000	0.9664	0.9330	0.0670
21.5000	0.9580	0.8918	0.1082
22.5000	0.9412	0.8660	0.1340
23.5000	0.9244	0.8402	0.1598
24.5000	0.8908	0.8093	0.1907
25.5000	0.8403	0.7835	0.2165
26.5000	0.8235	0.7577	0.2423
27.5000	0.7899	0.7010	0.2990
28.5000	0.7563	0.6392	0.3608
29.5000	0.7227	0.6031	0.3969
30.5000	0.6807	0.5619	0.4381
31.5000	0.6387	0.4691	0.5309
32.5000	0.6050	0.4381	0.5619

33.5000	0.5798	0.3763	0.6237
*34.5000	0.5546	0.3351	0.6649
35.5000	0.5126	0.3196	0.6804
36.5000	0.4538	0.2887	0.7113
37.5000	0.4286	0.2835	0.7165
38.5000	0.3613	0.2423	0.7577
39.5000	0.3445	0.2165	0.7835
40.5000	0.3361	0.1804	0.8196
41.5000	0.3109	0.1546	0.8454
42.5000	0.2941	0.1237	0.8763
43.5000	0.2353	0.0928	0.9072
44.5000	0.2017	0.0773	0.9227
45.5000	0.2017	0.0567	0.9433
46.5000	0.1681	0.0464	0.9536
47.5000	0.1597	0.0361	0.9639
48.5000	0.1429	0.0361	0.9639
50.0000	0.1345	0.0361	0.9639
51.5000	0.1092	0.0361	0.9639
52.5000	0.1008	0.0361	0.9639
53.5000	0.0924	0.0361	0.9639
54.5000	0.0840	0.0258	0.9742
56.0000	0.0756	0.0258	0.9742
57.5000	0.0672	0.0206	0.9794
59.0000	0.0504	0.0206	0.9794
61.0000	0.0504	0.0155	0.9845
62.5000	0.0336	0.0155	0.9845
63.5000	0.0336	0.0052	0.9948
65.0000	0.0252	0.0052	0.9948
66.5000	0.0084	0.0052	0.9948
71.5000	0.0084	0.0000	1.0000
77.0000	0.0000	0.0000	1.0000

*절단점

—여아

• 접근: 2~3, 4~6, 7~9세

2~3세 여아의 접근 점수에 대한 AUC는 .60(SE=.05, p<.05)이었고, 4~6세 여아에 대한 CEBQ 접근 점수의 AUC는 .65(SE=.06, p<.05)이었으며, 7~9세 여아의 CEBQ 접근 점수에 대한 AUC는 .62(SE=.06, p<.05)이었다.

• 회피: 2~3, 4~6, 7~9세

2~3, 4~6, 7~9세 여아의 CEBQ 회피 점수에 대한 AUC(area under curve)는 모두 유의하지 않았다.

연구 결과 남아와 여아 회피 점수에 대한 AUC는 모두 유의미하지 않았으며, 접근 점수에 대한 AUC는 남아 2-3세를 제외하고는 모두 유의미했다. 남아와 여아의 집단별 접근 점수의 AUC의 차이가 거의 없었기 때문에, 집단을 나누지 않고, 남녀의 절단점을 제공하였다.

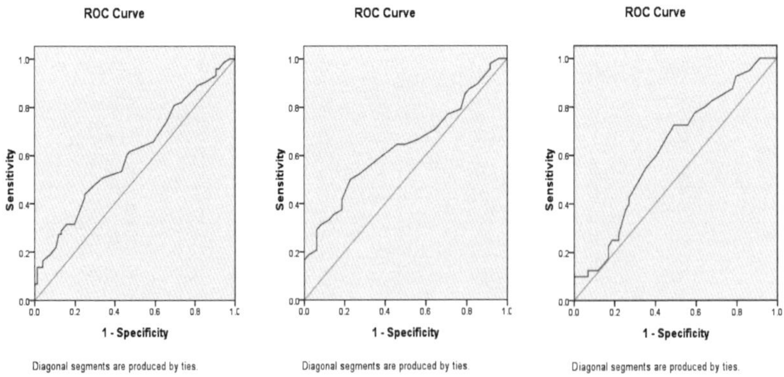

〈그림 2-4〉 2~3세 여아의 접근 점수에 대한 ROC커브(좌),
4~6세 여아의 접근 점수에 대한 ROC커브(가운데),
7~9세 여아의 접근 점수에 대한 ROC커브(우)

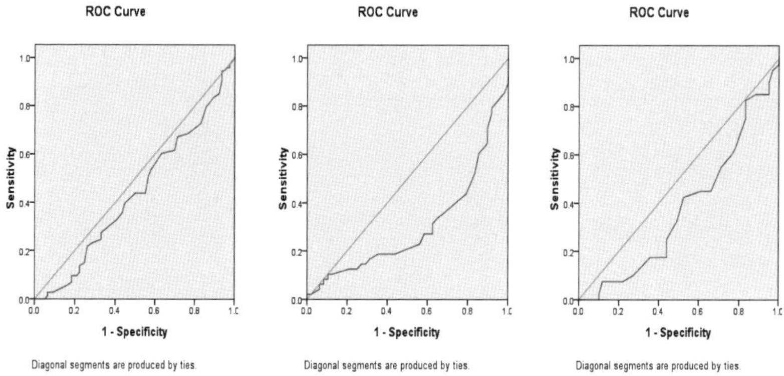

〈그림 2-5〉 2~3세 여아의 회피 점수에 대한 ROC커브(좌),
4~6세 여아의 회피 점수에 대한 ROC커브(가운데),
7~9세 여아의 회피 점수에 대한 ROC커브(우)

〈표 2-26〉 여아 CEBQ 접근 점수에 대한 민감도와 특이도

CEBQ 점수	민감도	1-특이도	특이도
16.0000	1.0000	1.0000	
17.5000	1.0000	0.9801	0.0199
18.5000	1.0000	0.9669	0.0331
19.5000	1.0000	0.9470	0.0530
20.5000	0.9847	0.9205	0.0795
21.5000	0.9618	0.9007	0.0993
22.5000	0.9313	0.8477	0.1523
23.5000	0.9084	0.8278	0.1722
24.5000	0.8779	0.7616	0.2384
25.5000	0.8397	0.7285	0.2715
26.5000	0.8092	0.6887	0.3113
27.5000	0.7557	0.6291	0.3709
28.5000	0.7405	0.5762	0.4238
29.5000	0.7252	0.5430	0.4570
30.5000	0.6870	0.5099	0.4901

31.5000	0.6260	0.4636	0.5364
32.5000	0.5954	0.4106	0.5894
*33.5000	0.5267	0.3377	0.6623
34.5000	0.5115	0.3245	0.6755
35.5000	0.4580	0.3046	0.6954
36.5000	0.4351	0.2583	0.7417
37.5000	0.4046	0.2185	0.7815
38.5000	0.3664	0.2053	0.7947
39.5000	0.3435	0.1921	0.8079
40.5000	0.3206	0.1722	0.8278
41.5000	0.2748	0.1523	0.8477
42.5000	0.2519	0.1325	0.8675
43.5000	0.2366	0.1192	0.8808
44.5000	0.2061	0.0927	0.9073
45.5000	0.1832	0.0795	0.9205
46.5000	0.1679	0.0795	0.9205
47.5000	0.1374	0.0397	0.9603
48.5000	0.1221	0.0199	0.9801
49.5000	0.1145	0.0199	0.9801
51.0000	0.1069	0.0199	0.9801
52.5000	0.1069	0.0066	0.9934
53.5000	0.0840	0.0066	0.9934
56.0000	0.0611	0.0066	0.9934
59.5000	0.0534	0.0000	1.0000
62.0000	0.0458	0.0000	1.0000
64.0000	0.0382	0.0000	1.0000
65.5000	0.0305	0.0000	1.0000
66.5000	0.0153	0.0000	1.0000
68.0000	0.0076	0.0000	1.0000
70.0000	0.0000	0.0000	

*절단점

④ 정상아동 집단과 과체중 아동 집단을 종속변인으로 한 CEBQ의 판별분석

또한 아동의 체지방률을 기준으로 나눈 정상아동 집단과 과체중 아동 집단을 구분하는 데 CEBQ 척도의 요인점수(접근점수 및 회피점수)가 유의하게 기여하는지 알아보기 위하여, 판별분석을 실시하였다. 아동의 체지방률 백분위 85% 미만을 정상아동 집단으로 85% 이상을 과체중 아동집단으로 구분하였으며, 아동의 체지방률에 따라 구분된 집단을 종속변인으로, 척도의 접근점수 및 회피점수 2개의 총점을 예측변인으로 하여 분석하였다. 본 척도의 경우 공분산 행렬의 동일성 검정에서 공분산이 동일하다는 귀무가설이 유의확률 .007로 기각되었기 때문에 선형판별함수 대신에 비선형판별함수를 이용하였다. 분석 결과는 〈표 2-27〉과 같다.

판별분석 결과 1개의 판별함수가 도출되었으며, Wilk's Lamda 검증 결과 통계적으로 유의한 것으로 나타나 함수 1을 통한 변수의 평균은 집단에 따라 유의미한 차이가 있는 것으로 나타났다. 각 점수에 따라 집단을 설명하는 상대적 중요도를 나타내는 표준화된 정준 판별

〈표 2-27〉 정상-과체중 분류에 따른 판별분석 결과

예측변인	비선형판별함수	
	표준화정준 판별함수계수	구조행렬
CEBQ-접근	.94	.89
CEBQ-회피	-.47	-.36
고유값	.07	
설명변량	70.8	
정준상관	.26	
Wilk's Lamda	.93***	

*** $p<.001$

함수 계수를 살펴보면, CEBQ 접근 점수가 CEBQ 회피 점수에 비해 .94로 더 높게 나타났다. 이는 접근 점수가 아동의 과다한 섭취 행동을 측정하기 때문에 비만도에 따른 집단을 구분하는 데 더 용이한 것으로 판단되며, 회피 점수가 비만도를 설명하는 데 음의 설명값을 갖는 것 역시 아동의 섭취 거부 행동을 측정하기 때문에 비만 아동의 특성과 상반되는 것으로 척도의 타당도가 적절함을 알 수 있다.

두 집단에 따른 판별함수의 집단 중심점에 대한 결과를 살펴보면 〈표 2-28〉과 같다.

도출된 판별함수의 집단 중심점은 판별함수에 따른 값들의 평균치를 나타낸다. 이 값에 따르면 과체중 아동의 중심값이 정상체중 아동에 비하여 양적으로 크기 때문에 과체중 아동이 본 판별함수의 특성

〈표 2-28〉 집단별 판별함수 중심값

집단 유형	중심값
정상 체중	.924
과체중	1.384

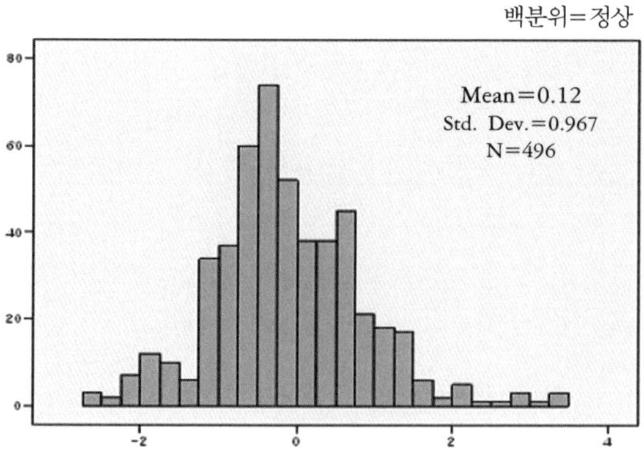

〈그림 2-6〉 정상아동 집단에 대한 CEBQ 히스토그램

백분위=정상

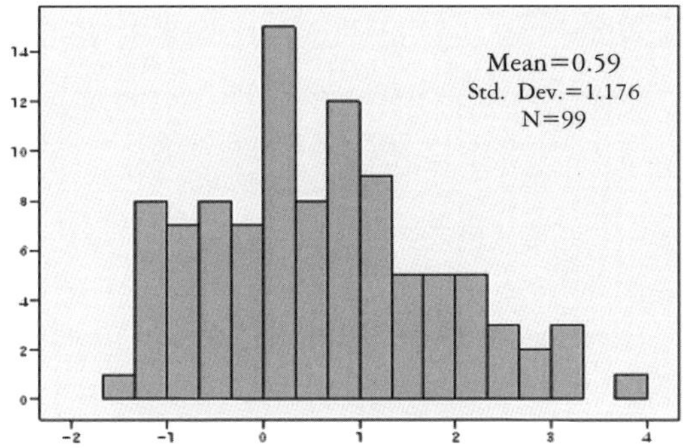

〈그림 2-7〉 과체중아동 집단에 대한 CEBQ 히스토그램

을 가지는 집단임을 알 수 있다.

또한, 본 판별점수를 통한 정상아동 집단과 과체중 아동 집단의 히스토그램은 〈그림 2-6, 7〉과 같다.

2. 비만도에 따른 한국형 아동섭식 질문지(K-CFQ)의 반응양상분석[6]

1) 연구 절차 및 분석방법

(1) 연구 대상

전국의 어린이집, 보육원, 유치원 등과 서울 소재의 초등학교 그리고 어머니들의 정보 공유를 위해 인터넷에 개설된 양육정보 공유 사이트를 통하여 설문을 수집하였다. 2010년 7월부터 2011년 1월까지

6) 한국심리학회지: 건강 논문심사를 위해 준비 중.

〈표 2-29〉 참여 아동의 연령 및 성별 특성(K-CFQ)

	사례 수(명)	남 아	여 아	비율(%)
전 체	612	311	301	100
연 령				
2세	79	47	32	12.9
3세	95	52	43	15.5
4세	81	41	40	13.2
5세	61	30	31	10.0
6세	30	13	17	4.9
7세	53	26	27	8.7
8세	49	25	24	8.0
9세	83	39	44	13.6
10세	41	22	19	6.7
11세	40	16	24	6.5

전국의 정상 발달하는 만 2세부터 11세 아동을 둔 부모를 대상으로 하였으며, 총 722명의 자료 중 본 연구에서는 전체 문항 중 응답하지 않은 문항이 있거나, 성별 · 연령 · 키 · 몸무게 등 기본정보가 기입되지 않은 자료를 제외한 612명의 자료를 사용하였다. 이 중 45명은 신뢰도 측정을 위하여 4주 후 재검사를 실시하였다. 모집된 아동의 평균 연령은 5.9(표준편차=2.9)세이며, 남아 311명(50.8%), 여아 301명(49.2%)이다.

(2) 연구 도구

① 아동 섭식행동 질문지(Children Feeding Questionnaire; CFQ)

연구 1에서 번안된 아동 섭식행동 질문지를 사용하였다. 아동 섭식행동 질문지(CFQ)는 아동의 섭취문제에 대한 부모의 생각, 태도 그리고 섭식과 관련한 부모의 실제 행동과 아동의 체중 경향성을 함께 측정하는 척도로서 만 2세에서 11세까지의 아동들에게 사용되며, 책임감 인지(Perceived responsibility), 부모 체중 인지(Perceived parent weight), 아동 체중 인지(Perceived child weight), 아동 체중에 대한 걱정(Concern about child weight), 제한(Restriction), 섭식에 대한 압력(Pressure to eat), 모니터링(Monitoring) 등을 평가한다. 각 문항은 1점부터 5점까지 채점되고 점수의 범위는 28점부터 140점까지 해당되는데, 총점이 높을수록 아동의 섭취문제에 대한 부모의 걱정이 심각함을 의미한다.

검사 신뢰도는 원저자의 연구에서는 하위 척도의 내적 일치도 계수가 .70~.92로 나타났으며, 본 연구에서는 하위 척도의 내척일치도 계수가 72~.93으로 나타났다.

② 아동의 체질량지수 산출

아동의 신체 계측 자료인 키와 몸무게를 바탕으로 아동의 체질량지수(BMI)를 산출하였다. 가장 최근에 측정한 키와 몸무게를 자기보고식으로 기입하였으며, 검사에 참여한 아동의 평균 체질량지수는 16.4(표준편차 2.2)로 나타났다.

③ ROC 분석을 통한 민감도와 특이도 분석

본 연구에서는 아동의 성별 및 연령(2~3, 4~6, 7~9, 10~11세)에 따라 집단을 나누어 ROC 분석을 실시하였다. CFQ의 총점에 대하여 분석이 실시되었으며 그 결과는 〈표 2-30〉과 같다.

〈표 2-30〉 참여 아동의 체질량지수(K-CFQ)

	성 별	표본 수	최솟값	최댓값	평 균	표준편차
체질량지수	남	311	11.34	29.90	16.92	2.72
	여	301	11.15	34.58	16.49	2.47

—남아 결과

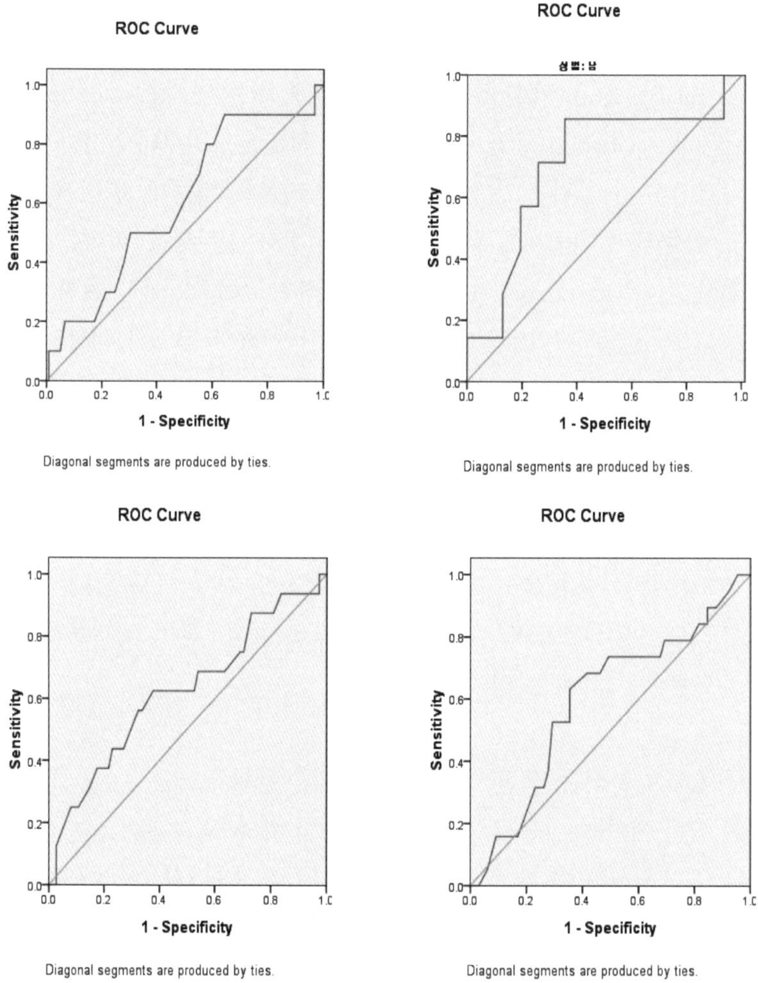

〈그림 2-8〉 2~3세 남아의 CFQ총점에 대한 ROC커브(왼쪽 위),
4~6세 남아의 CFQ총점에 대한 ROC커브(오른쪽 위),
7~9세 남아의 CFQ총점에 대한 ROC커브(왼쪽 아래),
10~11세 남아의 CFQ총점에 대한 ROC커브(오른쪽 아래)

－여아 결과

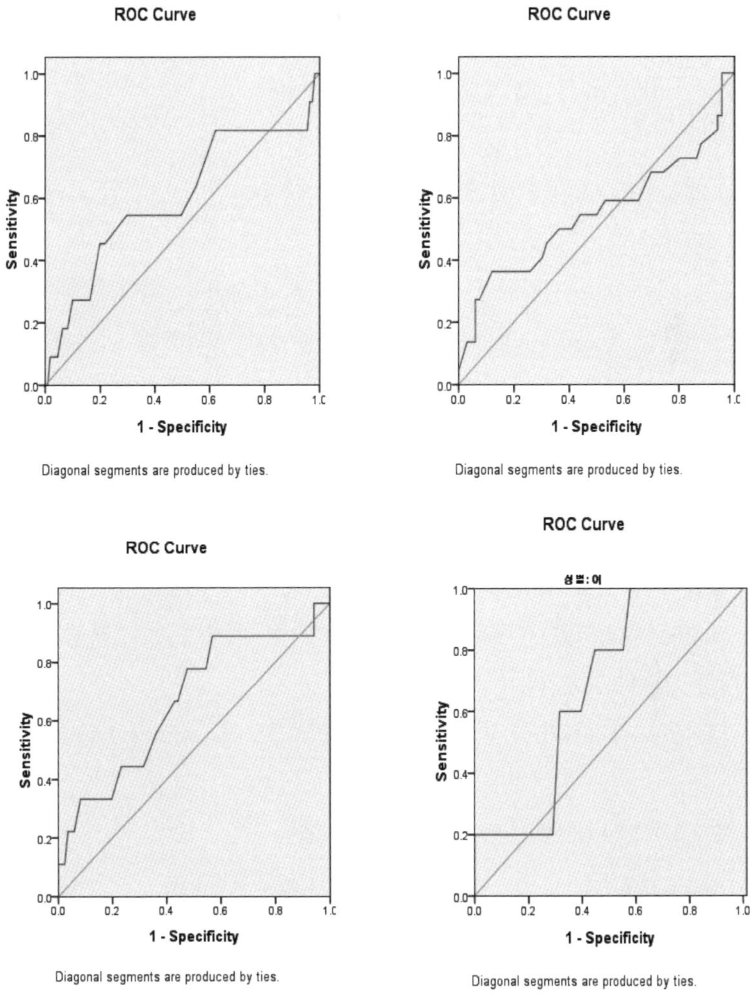

〈그림 2-9〉 2~3세 여아의 CFQ총점에 대한 ROC커브(왼쪽 위),
4~6세 여아의 CFQ총점에 대한 ROC커브(오른쪽 위),
7~9세 여아의 CFQ총점에 대한 ROC커브(왼쪽 아래),
10~11세 여아의 CFQ총점에 대한 ROC커브(오른쪽 아래)

남아의 CFQ총점에 대한 AUC는 2~3, 4~6, 7~9, 10~11세 모두 유의하지 않았으며, 여아의 CFQ총점에 대한 AUC 또한 2~3, 4~6, 7~9, 10~11세 모두 유의하지 않았다.

④ 정상아동 집단과 과체중 아동 집단을 종속변인으로 한 CFQ의 판별분석

또한 아동의 체지방률을 기준으로 나눈 정상아동 집단과 과체중 아동 집단을 구분하는 데 CFQ 척도의 총점이 유의하게 기여하는지 알아보기 위하여, 판별분석을 실시하였다. 아동의 체지방률 백분위 85% 미만을 정상아동 집단으로 85% 이상을 과체중 아동집단으로 구분하였으며, 아동의 체지방률에 따른 구분된 집단을 종속변인으로, 척도의 총점을 예측변인으로 하여 분석하였다. 본 척도의 경우 공분산 행렬의 동일성 검정에서 공분산이 동일하다는 귀무가설이 유의확률 .512로 채택되었기 때문에 선형판별함수를 이용하였다. 분석 결과는 〈표 2-31〉과 같다.

판별분석 결과 1개의 판별함수가 도출되었으며, Wilk's Lamda 결

〈표 2-31〉 정상-과체중 분류에 따른 판별분석 결과

예측변인	비선형판별함수	
	표준화정준 판별함수계수	구조행렬
CFQ 총점	1.00	1.00
고유값	.01	
설명변량	56.9	
정준상관	.14	
Wilk's Lamda	$.98^{**}$	

*** $p<.01$

과 통계적으로 유의한 것으로 나타나 함수 1을 통한 변수의 평균은 집단에 따라 유의미한 차이가 있는 것으로 나타났다.

두 집단에 따른 판별함수의 집단 중심점에 대한 결과를 살펴보면 〈표 2-32〉와 같다.

도출된 판별함수의 집단 중심점은 판별함수에 따른 값들의 평균치를 나타낸다. 이 값에 따르면 과체중 아동의 중심값이 정상체중 아동에 비하여 양적으로 크기 때문에 과체중 아동이 본 판별함수의 특성을 가지는 집단임을 알 수 있다.

또한, 본 판별점수를 통한 정상아동 집단과 과체중 아동 집단의 히스토그램은 〈그림 2-10, 11〉과 같다.

〈표 2-32〉 집단별 판별함수 중심값

집단 유형	중심값
정상 체중	-.059
과체중	.324

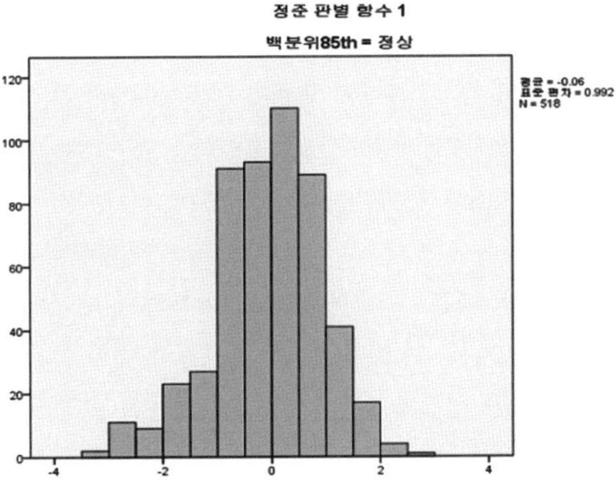

〈그림 2-10〉 정상아동 집단에 대한 CFQ 히스토그램

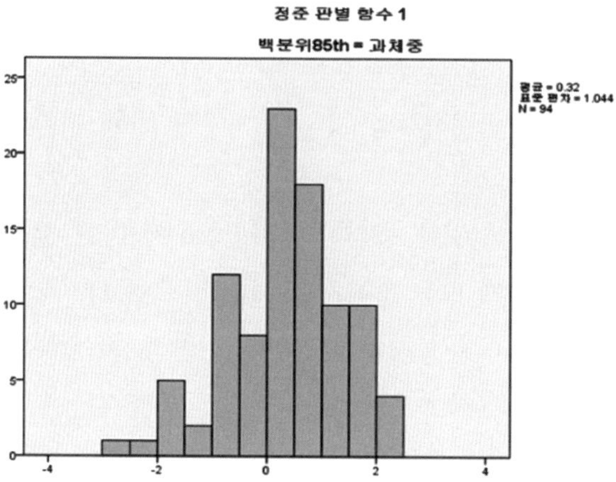

〈그림 2-11〉 과체중아동 집단에 대한 CFQ 히스토그램

3. 연구 2의 논의 및 결론

연구 2에서는 CEBQ와 CFQ를 이용하여 비만 아동과 정상 체중아동을 구별하는 절단점을 찾기 위해 ROC분석과 판별분석을 수행하였다. ROC분석에서는 전체 모집아동을 대상으로 그리고 성별과 나이에 따라 분석을 한 결과 유의한 결과를 보이지 않아, 두 도구 모두 단일 도구로 비만과 정상체중아동을 선별하는 도구로는 제한이 있음을 알 수 있었다. 또한 판별분석에서는 CEBQ의 경우 전체 아동의 70.3%의 판별적중률을, CFQ의 경우는 56.9%의 판별적중률을 보여 아동의 체지방률에 따른 과체중 집단을 예측하는 데에는 CEBQ가 보다 잘 판별한다고 볼 수 있다. 따라서 아동의 행동을 측정하는 척도인 CEBQ가 아동 섭취와 관련된 부모의 행동을 측정하는 CFQ에 비해 아동의 비만도를 예측하는 데 더 적절하고 유용한 도구인 것으로 보이며 이는 CEBQ가 비만도와 직접적으로 연관이 되는 아동의

섭취행동을 측정하기 때문인 것으로 판단된다.

4절 연구 3: 발달장애아동의 섭식문제[7)]

정상발달아동의 경우 약 20~45%의 아동이 일시적 혹은 간헐적으로 섭식문제를 경험하고 대다수는 시간이 지남에 따라 자연스럽게 없어진다. 그러나 발달장애아동의 경우에는 섭식문제가 더욱 심각하고 빈번하게 발생한다(Bax, 1989).

발달장애아동을 대상으로 유병률을 조사한 연구 결과를 살펴보면, 약 80% 정도의 아동들이 섭식과 관련된 어려움을 경험하거나, 성인이 되어서도 상당수가 지속적으로 섭식문제를 경험하는 것으로 조사되었다(Perske, Clifton, McLean, & Stein, 1977). 국내외 연구에서도 공통적으로 발달장애아동은 정상아동보다 섭식문제를 많이 보이는 것으로 나타났다(김은경, 2003; 박영숙, 1998; 이어진, 정경미, 2010; Collins et al., 2003; Duff et al., 2003; Gangil et al., 2001; Martins et al., 2008; Matson et al., 2009; Schreck et al., 2004). 국내에서 김은경 등(2003)은 장애아동과 비장애아동의 식습관과 섭식행동을 비교하는 연구를 실시하였는데, 연구의 결과를 살펴보면 장애아동이 비장애아동보다 식사시간이 긴 경우가 많았으며, 자립하여 식사하는 데에 어려움을 겪고 있고 식사 중 문제행동을 자주 보인다는 사실을 발견하였다. 그뿐만 아니라 발달장애아동은 정상발달아동에 비해 음식의 질감이나 종

7) 한국심리학회지: 건강 논문심사를 위해 준비 중.

류, 식사 도구, 식사 환경의 변화에 민감한 특성을 가지고 있기 때문에 정상아동보다 섭식문제가 더욱 심각하다. 또한 식사 시간 동안 음식 회피, 거절, 흥분, 감정 폭발 등과 같은 행동문제를 빈번하게 나타내기 때문에 식사활동을 방해하고 충분한 영양공급을 어렵게 한다 (Luiselli, Evans, & Boyce, 1985).

발달장애아동의 경우 심각한 섭식문제는 구체적인 조사와 이에 대한 치료적 접근이 필요하다. 그러나 발달장애아동의 섭식문제는 장애의 한 특징으로 여겨지는 경우가 많아 독립적인 문제로 다루어지지 않았다(Patrick, Boland, & Stoskid, 1986). 그러나 이어진, 정경미, 진혜경(2010)의 연구에 따르면, 발달장애아동은 정상아동보다 심각한 수준의 섭취문제를 다양하고 빈번하게 가지고 있으며 발달장애아동의 섭식문제는 양육스트레스에 부정적인 영향을 미치고 양육자의 사회적 지지가 양육스트레스를 효과적으로 매개하는 것으로 나타났다.

본 연구에서는, 연구 1에서 개발된 섭식척도를 도구로 하여 발달장애아동 집단과 정상아동 집단 간의 섭식문제의 유병률의 차이와 심각도의 차이가 존재하는지 알아보고자 한다.

1. 연구 절차 및 분석방법

(1) 연구 대상

서울 지역의 어린이 병원을 통해 만 1~15세의 발달장애 자녀를 둔 어머니 75명을 대상으로 설문을 실시하였다. 발달장애아동 집단에서 아동 섭취행동 질문지 및 섭식행동 질문지의 연령 조건에 부합하지 않는 만 12세 이상의 아동을 제외한 73명의 자료를 최종 분석에 사용하였다. 정상아동의 경우 서울이나 경기도에 위치한 유치원과 초등학교를 섭외하고 인터넷 양육정보 공유 사이트를 통해 광고하여 자료를 수집하였다. 발달장애아동 집단과 연령과 성별을 짝 맞춘 73명의 자료가 수집되었다.

발달장애아동과 정상발달아동 집단의 평균 연령은 6.2세(표준편차 2.7)였으며, 남아 59명(80.8%), 여아 14명(19.2%)으로 나타났다.

(2) 연구 도구

① 섭식 관련 질문지

섭식 관련 질문지는 아동의 섭취 실태를 조사하려는 목적으로 개발된 척도로, 김혜진, 정경미, 박미정, 최연호(2008)의 연구에서 사용한 아동 섭취 관련 설문지를 일부 수정 및 보완한 것이다. 모든 문항은 기존 문헌들을 검토하여 제작되었고, 특히 아동의 섭식문제 종류

〈표 2-33〉 발달장애아동의 연령 특성

연령(세)	아동 수(명)	백분율(%)	누적백분율(%)
1	1	1.37	1.37
2	3	4.11	5.48
3	10	13.70	19.18
4	9	12.33	31.51
5	10	13.70	45.21
6	10	13.70	58.90
7	3	4.11	63.01
8	7	9.59	72.60
9	9	12.33	84.93
10	8	10.96	95.89
11	3	4.11	100.00
계	73	100	

는 Babbit, Hoche와 Coe(1994)의 연구에 기초하여 기술적인 특징들을 중심으로 분류하였다. 본 검사는 만 1세에서 12세의 아동을 양육하고 있는 부모를 대상으로 하고, 아동이 나타내는 섭식문제의 특징을 부모의 주관적 판단에 기초하여 질적으로 파악하고자 하였다. 총 문항은 5개로 구성되었고, 섭식문제 유무와 종류, 아동의 섭식문제에 대한 양육자의 대처행동과 생각, 전문적인 도움의 필요 여부에 대한 내용을 다루었다.

② **아동 섭식행동 검사**(Korean Children's Eating Behavior Invetory; K-CEBI)

기존의 표준화된 도구를 통하여 아동의 섭취문제의 심각성을 파악하기 위해 Archer, Rosenbaum, Streiner(1991)가 개발하고 김혜진, 정경미, 박미정(2008)이 표준화한 아동 섭식행동 검사(K-CEBI)를 본 연구에서 사용하였다. 본 척도는 만 1세에서 만 12세의 자녀를 양육하는 부모를 대상으로 부모 보고에 기초하여 아동의 섭식문제의 실태를 조사한다. 각 문항은 1점부터 5점까지 채점되고 전체 문항은 김혜진, 정경미, 박미정(2008)의 연구에서 요인분석을 통해 선정된 27문항이 사용되었다. 점수범위는 27점부터 135점까지 해당되는데, 총점이 높을수록 아동의 섭취문제가 더욱 심각함을 의미한다. 김혜진, 정경미, 박미정(2008)의 연구에서는 연구 결과에 따라 절단점(cut-off)은 만 6세까지의 미취학 아동의 경우 77.15점, 만 7세에서 12세까지의 학령기 아동은 67.52점으로 설정하였다. 본 척도의 하위 요인은 식사 중 부모의 스트레스, 전반적 식사문제, 식사 시 문제행동, 상차림 돕기, 금지식품 섭취에 관한 5가지 영역으로 구성되었다. 검사 신뢰도는 김혜진, 정경미, 박미정(2008)의 연구에서 .86으로, 본 연구에서는 .46으로 나타났다.

③ 아동 섭취행동 질문지(Children Eating Behavior Questionnaire; CEBQ)

연구 1에서 번안된 아동 섭취행동 질문지를 사용하였다. 아동 섭취행동 질문지(CEBQ)는 부모가 평가하는 척도로 만 2세에서 9세까지의 아동들에게 사용되며, 음식에 대한 반응(Food responsiveness), 음식에 대한 선호(Enjoyment of food), 음료 섭취(Desire to drink), 배부름에 대한 민감도(Satiety responsiveness), 식사 속도(Slowness in eating), 감정에 따른 섭취(Emotional undereating/overeating), 편식(Food Fussiness) 등을 평가한다. 각 문항은 1점부터 5점까지 채점되고 점수범위는 35점부터 175점까지 해당되는데 총점이 높을수록 아동의 섭취문제가 심각함을 의미한다.

④ 아동 섭식행동 질문지(Children Feeding Questionnaire; CFQ)

연구 1에서 번안된 아동 섭식행동 질문지를 사용하였다. 아동 섭취행동 질문지(CFQ)는 아동의 섭취문제에 대한 부모의 생각, 태도 그리고 섭식과 관련한 부모의 실제 행동과 아동의 체중 경향성을 함께 측정하는 척도로 만 2세에서 11세까지의 아동들에게 사용되며, 책임감 인지(Perceived responsibility), 부모 체중 인지(Perceived parent weight), 아동 체중 인지(Perceived child weight), 아동 체중에 대한 걱정(Concern about child weight), 제한(Restriction), 섭식에 대한 압력(Pressure to eat), 모니터링(Monitoring) 등을 평가한다. 각 문항은 1점부터 5점까지 채점되고 점수의 범위는 28점부터 140점까지 해당되는데 총점이 높을수록 아동의 섭취문제에 대한 부모의 걱정이 심각함을 의미한다.

⑤ 부모의 식사 중 행동평가 척도(Parent Mealtime Action Scale: PMAS)

부모의 식사 중 행동평가 척도는 Hendy, Williams, Camise, Eckman과 Hedemann(2008)에 의하여 개발된 평가 척도로, 부모가 사용하는 식사시간의 행동을 통해 아동의 식습관 및 체중 상태의 변동을 설명하기 위해 개발된 척도이다. 간식 제한, 섭취 주장, 과일 채소 섭취, 긍정적 설득, 보상 사용, 부모의 간식 섭취, 음식의 다양성, 저지 방식, 특식 제공 등의 요인으로 구성되어 있다. 각 문항은 1점부터 3점까지 채점되고, 각 요인에 해당되는 점수의 합을 문항 수로 나누어 어떠한 행동이 가장 빈번하게 사용되고 있는지 순위를 매기는 형식으로 채점된다.

⑥ 부모 양육 스트레스 척도(Korean Parenting Stress Index; K-PSI)

부모의 양육 스트레스 정도를 측정하기 위해서 Abidin(1995)이 개발하고 우리나라의 정경미, 이경숙, 박진아, 김혜진(2008)이 번역하고 표준화한 한국판 부모 양육 스트레스 척도(K-PSI)가 사용되었다. 본 검사는 1~12세 아동의 부모를 대상으로 부모의 양육스트레스와 역기능적인 양육과 관련된 아동, 부모, 상황적 특성을 평가하는 도구로, 각 문항은 1점(전혀 아니다)에서 5점(매우 그렇다)의 리커트 척도로 평가하며, 총 문항은 120개로 점수 범위는 최저 101점에서 최고 504점까지로 점수가 높을수록 양육 스트레스 수준이 높은 것으로 해석된다.

2. 연구 결과

① 섭식 관련 질문지에서 나타난 두 집단의 섭식문제 비교

섭식 관련 질문지의 아동 섭식행동 유무와 관련한 문항을 통해 양육자의 주관적 판단에 기초하여 아동이 섭식문제가 있다고 생각하는지 여부를 파악하였다. 그 결과, 정상아동의 경우 총 74명 중 15명의

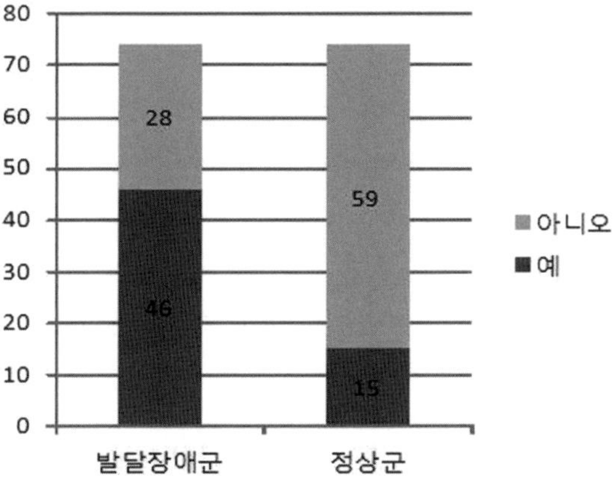

〈그림 2-12〉 발달장애아동과 정상아동의 섭식문제 유무

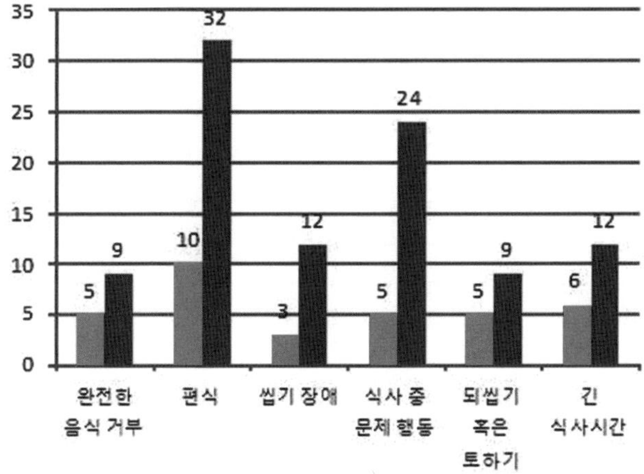

〈그림 2-13〉 정상아동(연회색)과 발달장애아동(진회색)의 섭취문제의 종류 비교

부모만 아동이 섭식문제를 가지고 있다고 응답한 반면, 발달장애아동의 경우 74명 중 46명이 섭식문제를 가지고 있다고 응답하였다.

또한 섭식문제가 있다고 보고된 아동들을 중심으로, 빈번하게 나타나는 섭식문제의 종류를 조사한 결과, 발달장애아동의 경우 편식 32명, 식사 중 문제행동 24명 순으로 높게 나타났고, 정상아동의 경우 편식 10명, 긴 식사시간 6명 순으로 높게 보고되었다.

아동의 섭식문제에 대한 양육자의 대처행동에 대한 연구 결과는 〈그림 2-14〉에 제시되었다. 아동의 음식 섭취량을 늘리기 위해 양육자가 사용하는 방법에 대해 조사한 결과, 발달장애아동의 양육자 10명과 정상아동의 양육자 6명이 어르고 달래는 방법을 가장 많이 사용하는 것으로 나타났다. 각 집단별로 살펴보면, 발달장애아동의 양육자는 어르고 달래는 방법 다음으로 강제로 먹이기(9명), 먹고 싶어 할 때만 먹이기(8명), 수시로 먹이기(5명) 등의 방법을 빈번하게 사용하고, 정상발달아동의 양육자들은 혼내기(5명), 먹고 싶어 할 때만 먹이기(3명), 기타(3명) 등의 방법을 순차적으로 많이 사용하고 있는 것으로 나타났다.

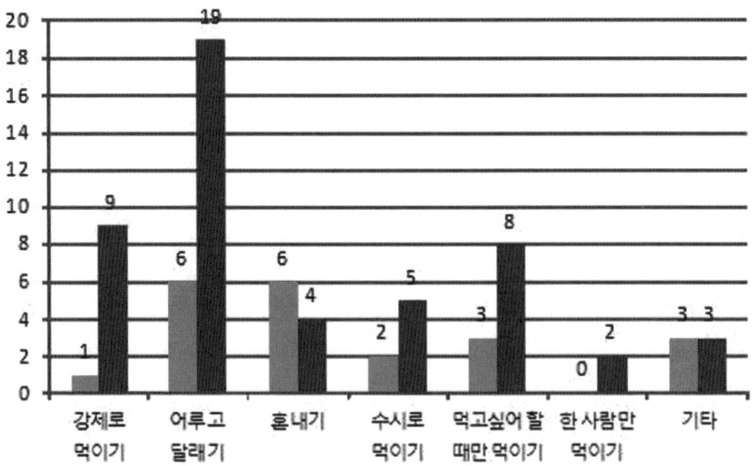

〈그림 2-14〉 정상아동(연회색)과 발달장애아동(진회색)의 섭식문제에 대한 양육자의 대처행동

② 아동 섭식행동검사(K-CEBI), 아동 섭취행동 질문지(K-CEBQ), 아동 섭식행동 질문지(K-CFQ)에서 나타난 두 집단의 섭식문제의 심각도 비교

아동 섭식행동 검사, 아동 섭취행동 질문지, 아동 섭식행동 질문지를 통해 보고된 섭식문제 심각도에 대한 기술통계치와 두 집단 간의 점수 차이가 〈표 2-34〉에 제시되어 있다.

〈표 2-34〉 섭식문제에 대한 기술통계치와 집단 간 차이 검증

검사종류	변 인	발달장애 집단		정상 집단		*P*
		평 균	표준편차	평 균	표준편차	
아동섭식 행동검사	섭식문제 심각도	65.62	13.12	60.44	11.55	.000***
아동섭취 행동질문지	CEBQ 접근	36.66	10.46	34.63	11.46	.000***
	CEBQ 회피	45.43	9.50	42.59	10.09	.000***
아동섭식 행동질문지	CFQ 총점	94.16	16.70	88.56	13.22	.000***

*** $p<.001$

③ 아동 섭식행동검사(K-CEBI)

각 집단에서 보고된 총점의 평균은 발달장애아동이 65.62점(SD=13.12)이었고, 정상아동 집단은 60.44점(SD=11.44)이었다. 섭식문제 심각도에 대한 두 집단의 차이는 통계적으로 유의미한 것으로 보고되었다($p<.001$).

④ 아동 섭취행동질문지(K-CEBQ)

먼저 각 집단에서 보고된 접근 점수 총점의 평균은 발달장애아동이 36.66점(SD=10.46)이었고, 정상아동 집단은 34.63점(SD=11.46)이

었다. 두 집단의 차이는 통계적으로 유의미한 것으로 보고되었다($p<.001$). 그 다음으로 각 집단에서 보고된 회피 점수 총점의 평균은 발달장애아동이 45.43점(SD=9.50)이었고, 정상아동 집단은 42.59점(SD=10.09)이었다. 두 집단의 차이는 통계적으로 유의미한 것으로 보고되었다($p<.001$). 따라서 발달장애아동이 정상아동에 비해 접근과 회피 두 영역에서 모두 높은 평균을 보고하였다.

⑤ 아동 섭식질문지(K-CFQ)

각 집단에서 보고된 총점의 평균은 발달장애아동이 94.16점(SD=16.70)이었고, 정상아동 집단은 88.56점(SD=13.22)이었다. 섭식문제 심각도에 대한 두 집단의 차이는 통계적으로 유의미한 것으로 보고되었다($p<.001$).

⑥ 부모의 식사 중 행동평가 척도(K-PMAS)에서 나타난 두 집단의 식사 중 행동 비교

발달장애아동 집단과 정상아동 집단에서의 부모가 식사 시 행동 차이를 비교하기 위하여 부모의 식사 중 행동평가 척도의 하위 요인 점수를 비교하였다. 기술통계치와 두 집단 간의 점수 차이가 〈표 2-35〉

〈표 2-35〉 식사 시 행동에 대한 기술통계치와 집단 간 차이 검증

변 인	발달장애 집단		정상 집단		P
	평 균	표준편차	평 균	표준편차	
긍정적 설득	1.72	.45	2.13	.38	.000***
과일 채소 섭취	1.85	.45	2.11	.52	.001**
음식의 다양성	1.66	.33	1.82	.41	.000***
특식 제공	2.00	.24	1.73	.28	.009**

** $p<.01$, *** $p<.001$

에 제시되어 있다. PMAS의 하위 요인 9개 중 두 집단 간의 차이를 보인 요인은 4개였으며, 정상아동 집단의 부모는 긍정적 설득, 과일 채소 섭취, 음식의 다양성에서 유의미하게 높은 점수를 보였으며 ($p<.01$), 발달장애아동 집단의 부모는 특식 제공에서 유의미하게 높은 점수를 보였다($p<.01$).

⑦ 부모양육 스트레스 검사에서 나타난 두 집단의 양육스트레스의 비교

발달장애 집단과 정상 집단에서의 양육스트레스의 차이점을 비교하기 위하여 한국판 부모양육 스트레스 검사(K-PSI)의 총점을 비교하였다. 각 집단에서 보고된 총점의 평균은 발달장애아동이 73.82점 (SD=32.83)이었고, 정상아동 집단은 42.38점(SD=30.34)이었다. 양육스트레스 심각도에 대한 두 집단의 차이는 통계적으로 유의미한 것으로 보고되었다($p<.001$). 또한 양육스트레스의 요인별로 살펴본 결과, 모든 영역에서 발달장애집단의 양육스트레스가 정상 집단에 비해 유의하게 높은 것으로 나타났다($p<.001$). 각 영역 및 총점에 대한 기술통계치와 두 집단 간의 점수 차이가 〈표 2-36〉에 제시되어 있다.

〈표 2-36〉 부모양육스트레스에 대한 기술통계치와 집단 간 차이 검증

변 인	발달장애 집단		정상 집단		P
	평 균	표준편차	평 균	표준편차	
양육스트레스 총점	73.82	32.83	42.38	30.34	.000***
부모영역	60.91	31.53	43.55	30.96	.000***
기능적 상호작용	74.32	32.95	36.25	28.24	.000***
아동영역	72.64	32.01	44.48	30.92	.000***

*** $p<.001$

3. 연구 3의 논의 및 결론

연구 3에서는 기존에 있었던 섭식관련척도뿐 아니라 본 연구에서 개발된 3가지 한국형 섭식관련척도를 이용하여 정상발달집단과 발달장애아동의 부모의 자기보고를 이용하여 섭식관련행동과 부모양육태도를 조사하였다. 연구 결과, 국내 기존 연구 결과(이어진 외, 2010)와 일치하게 발달장애아동의 부모는 자신의 아동이 섭식문제가 더 많음을 보고하였고, 사용된 모든 척도에서 섭식 관련해 문제가 더 많음을 보고하였다. 이 연구 결과는 개발된 3가지 척도가 변별타당도가 있음을 증명해 주는 동시에, 발달장애아동의 경우, 일반아동과는 구별되는 뚜렷한 섭식문제가 있음을 다시 한 번 확인하는 정보를 제공한다.

5절 섭식행동의 문화비교: 미국, 브라질, 한국 아동의 비교 연구[8)]

앞서 반복적으로 언급했듯이 아동기 비만은 전 세계적으로 증가하는 추세이다. 이는 건강, 사회, 심리적인 영역에서 다양한 문제를 초래하기 때문에, 아동기 비만의 문제를 파악하고 이의 대책을 세우기 위한 연구가 급증하고 있다.

본 연구에서 3가지 척도를 선정하고 한국형 척도로 개발하는 과정

8) 이 장에 소개된 연구 결과는 초기 자료를 수집·정리한 것으로, 정확한 분석과 해석은 발표될 논문을 참조할 것을 권한다. 현재 이 자료는 Appetite 학술지에 발표하기 위해 준비 중에 있다.

에서, 개발도구의 하나였던 PMAS의 개발자인 Dr. Helen M. Hendy를 접촉하였고, Dr. Hendy의 제안으로 부모의 행동에 관한 미국, 브라질, 한국 문화 비교 연구를 시작하게 되었다. 이 연구는 아직 준비 중으로 연구 발표까지는 다소의 시일이 요구되나, 개발된 도구로 여러 문화에서 아동의 비만도와 부모의 섭식관련행동을 직접 비교할 수 있다는 측면에서 매우 의의 있는 연구가 될 것이다. 특히, 아직까지 섭식행동과 관련된 직접적인 국제비교 연구가 매우 제한된 상태임을 감안할 때, 결과가 시사하는 바가 크다.

현재까지 연구진행상황은 다음과 같다. 국내 아동 2011년 6월 11일에 한국의 자료 정리를 요청받았고, 아동의 성별, 나이, BMI, CDC (Center for Disease Control) 기준 BMI percentile score, 사회경제적 지위 등의 정보와 함께, 31개의 PMAS[9] 문항을 정리하였다. 국내에서 수집된 아동의 키와 몸무게 정보와 WHO STATUS, CDC STATUS 정보를 요청받아 WHO 기준으로 아동의 BMI 백분율(percentile score)을 따져 마른, 정상, 과체중, 비만, 극도 비만(thin, normal, overweight, obese, severely obese)의 5가지 기준에 어디에 속하는지를 정리하였고, CDC 기준으로 아동의 BMI 백분율을 따져 저체중, 정상체중, 과체중, 비만(underweight, average-weight, overweight, obese) 4가지 기준에 어디에 속하는지 정리하였다. 마지막으로 WHO 기준에 따른 BMI 백분율과 CDC 기준에 따른 BMI 백분율까지 추가해서 정리를 완료하여 최종자료를 완성하였다. 최종 자료에 들어간 자료에 대해서 말하면, 나이는 61개월부터 130개월의 아동을 대상으로 하였고, 성별, 나이(개월 수), 사회경제적 지위(유아용, 아동용 행동평가 척도 기준, 1=상류 2=

9) 정경미, 이수진(2014). 한국형 부모의 식사 중 행동척도(K-PMAS)의 표준화 연구. 한국심리학회지: 건강, 19(3), 711-731.

중류 중에 상, 3=중류 중에 중, 4=중류 중에 하, 5=하류), FAMILY MEALS(자료 없음), 키(cm), 몸무게(kg), BMI(kg/m^2), WHO STATUS (1=thin, 2=normal, 3=overweight, 4=obese, 5=severely obese), CDC STATUS(1=underweight, 2=average-weight, 3=overweight, 4=obese), WHO 기준으로 아동의 BMI percentile, CDC 기준으로 아동의 BMI percentile, 그리고 PMAS 31문항으로 구성되어 있다.

이제까지 수집된 자료로 분석을 한 1차 결과(preliminary results)는 〈표 2-37, 38〉과 같다.

위의 결과는 CDC나 WHO 등 기준을 나누는 방법에 상관없이 국내 아동의 비만율이 브라질과 미국에 비해 상대적으로 낮음을 보여준다. 서구와 동양은 기본 체중과 키 등에서 차이가 나므로, 비만율을 계산할 때 국가에 따라 다른 기준을 적용하는 것이 일반적이다. 이

〈표 2-37〉 국가별 CDC와 WHO 체중 기준 분류에 따른 아동 비율

	브라질 (n=496)	한 국 (n=305)	미 국 (n=500)	비 교
CDC Weight Status				
저체중	12.4%	5.1%	13.6%	
정상체중	56.0%	71.0%	55.4%	
과체중	17.3%	14.1%	15.0%	
비만	14.4%	9.8%	16.0%	1, 3 > 2
WHO Weight Status				
저체중	4.0%	1.8%	5.4%	
정상체중	62.2%	68.8%	57.2%	
과체중	16.6%	17.8%	17.8%	
비만	7.6%	4.3%	4.6%	
고도비만	9.4%	7.2%	15.0%	1 > 2, 1 > 3

1=브라질, 2=한국, 3=미국, 통계적으로 유의한 차이를 보이는 경우 >로 표시.

〈표 2-38〉 국가별 PMAS 부모의 식사 중 행동에 대한 평균과 표준편차

부모의 식사 중 행동	브라질 (n=496) 평균(SD)	한 국 (n=305) 평균(SD)	미 국 (n=500) 평균(SD)	비교
부모의 간식 섭취	1.47(.42)	1.30(.37)	1.89(.42)	1, 3 > 2
간식 제한	2.72(.50)	2.30(.49)	2.59(.52)	1, 3 > 2
음식의 다양성	1.96(.36)	1.89(.33)	1.99(.34)	1, 3 > 2
과일 채소 섭취	2.53(.50)	2.30(.49)	2.04(.42)	1, 3 > 2
저지방식	2.28(.49)	1.63(.44)	1.86(.46)	1 > 2, 3
긍정적 설득	2.63(.37)	2.20(.71)	2.46(.43)	1 > 2, 3
섭취 주장	1.80(.55)	1.52(.45)	1.34(.36)	1 > 2, 3
보상 사용	1.37(.34)	1.51(.36)	1.46(.34)	2 > 1, 3
특식 제공	1.37(.32)	1.66(.29)	1.44(.33)	2 > 1, 3

1=브라질, 2=한국, 3=미국, 통계적으로 유의한 차이를 보이는 경우 >로 표시.

연구에서도 각 국가에 적절한 BMI를 사용하여 비만 정도에 대해 분류하였다. 결과에서 보이는 국가별 차이는 각국에 적합한 기준을 사용했을 경우, 비만율에서 국가 간 차이가 있음을 나타낸다. 비록 비만율이 증가하고 있으나 아직은 서구 국가에 비해 낮다는 사실은 고무적이지만, 급격한 소아비만율 증가를 고려할 때 이 차이는 장기적으로 줄어들 것으로 예측된다.

위의 결과는 국가에 따라서 부모의 아동에 대한 섭식 양육행동에 다소 차이가 있음을 보여준다. 예를 들어, 브라질 부모의 경우, 저지방식을 강조하며 긍정적인 방법으로 아동을 설득하려는 시도 및 섭취의 중요성에 대해 더 강조한다. 한국 부모의 경우, 브라질이나 미국보다 상대적으로 많은 보상을 사용하며, 잘 먹게 하기 위해 특식을 제공하는 비율이 높다고 보고한다. 본 연구는 차이를 비교했을 뿐, 국가별 차이의 원인이 되는 변인이나 조건들을 조사하지 않았기 때문에 그 이유를 설명하기 어렵다. 추후로 국가 차를 설명할 수 있

는 이런 변인들을 파악하고 규명하는 연구가 수반되어야 할 것이다.

국내 자료를 이용한 요인 탐색은 탐색적 요인분석과 확인적 요인분석을 통해 재차 확인하였고 그 수치가 적절하므로, 현 자료에 대한 추가적인 요인 탐색 작업은 필요하다고 판단되지 않는다. 현재 진행되는 문화비교 연구도 기 확인된 요인으로 국가 간 비교에 무리가 없다고 판단되므로, 추가 요인 탐색이 필요하지 않음을 시사한다. 그러나 지속적인 국제 비교 작업으로 추가적인 요인 탐색의 필요성을 염두에 두고자 한다.

제3장
섭식문제를 보이는 아동 사례

제3장 섭식문제를 보이는 아동 사례

이 장에서는 2장에서 개발된 3개의 한국형 섭식 도구들이 임상현장에서 섭식문제가 있는 아동들의 평가에 어떻게 사용될 수 있는지를 보여주기 위해 섭식문제를 가진 아동의 사례 2가지를 소개하기로 한다. 국내에서 섭식문제를 가진 아동의 경우, 소아과에서 소아소화기 장애를 전공한 의사에 의해 의학적인 방법으로 치료를 받는 것이 일반적이다. 그러나 의학적인 문제를 가지고 있는 아동이라고 할지라도, 섭식문제가 장기화가 되면 섭식과 관련된 지속적인 부정적인 경험과 그에 대한 보호자와의 상호작용 등 환경적인 요인들이 영향을 미치지 않을 수 없게 된다. 또한 섭식문제가 의학적인 원인에 의한 것이 아닐 경우에 환경적인 요소의 변화를 주요 치료 목표로 삼아야 한다.

이 장에서는 발달장애를 가지면서 동시에 섭식문제로 인해 의뢰되어 온 두 아동의 사례를 소개할 것이다. 사례 1의 아동의 경우, 문제행동이 섭식 시간에 극심하게 나타나고 다른 시간에도 확산된 경우이며, 사례 2의 아동의 경우, 여러 가지 의학적인 문제로 섭식문제가 시작되었는데 의학문제가 해결되었음에도 섭식문제가 지속된 경우이다. 비록 의뢰된 사항이 섭식문제이지만, 다른 환경에서의 행동이나 기타 기본적인 인지 능력, 행동 정도 및 부모에 대한 정보가 치료계획을 세우는 데 필수적이기 때문에, 포괄적이고 전반적인 평가를 진행하였다. 다음 두 사례의 결과 보고서는 이 아동들이 가진 문제를 평가하고 부모들에게 섭식 관련 제언을 하는 데 2장에서 개발된 섭식도구들이 유용하게 사용됨을 보여준다. 아동에 대한 전반적인 이해를 돕기 위하여, 섭식과 관련은 없으나 실행된 모든 심리검사 결과지를 포함하였다.

1. 사례 1

직접 관찰에 의한 기능행동평가보고서와 어머니의 설문결과인 심리 결과 해석지는 아래와 같다.

서울○○○○○병원

기능 행동 평가 보고서

이름 / 성별: AAA / 남	등 록 번 호: 3****
생년월일 / 나이: 20**년 **월 **일 / 만1세	학교 / 학년: 해당 없음
평 가 일: 20**년 **월 **일	작 성 자: EEE

1) 의뢰사유

AA는 심각한 섭식문제로 일상생활에 어려움이 있어 ○○병원 ○○○ 선생님이 본 병원 ○○○ 선생님에게 의뢰하였고, 본 치료실에서 평가를 진행하였다.

2) 배경정보

AA는 할아버지, 할머니, 아버지, 어머니와 함께 살고 있는 만 1세의 남아이다. AA는 제대기저부탈장(omphalocele), 미숙아로 출생하여 신생아 중환자실에서 치료 후 병동에서 위식도 역류, 섭식 거부에 대해 TP tube 삽입 후 수유 진행하기로 하고 2009년 4월 25일에 퇴원하였으나 퇴원 이후에도 수유 진행이 되지 않고 구토가 반복되어 4월 27일에 재입원하였다. 입원 이후 급성 모세기관지염 및 위식도 역류 및 신생아 수유 문제에 대해 항역류수술(Nissen fundoplication) 치료를 받았다. 그 후 환아 상태가 안정되어 서혜부 탈장 및 음낭수류 수술 후 경과가 호전되어 퇴원하였다. 또한 흡인성 폐렴으로 가래와 기침이 있으며, 기관지폐이형성증, 기관지 눌림 현상이나 폐의 용적 부족으로 호흡이 불안정하여 딸꾹질 발생이 있으나, 구강으로 음식을 섭취하는 데 의학적인 문제가 없다는 소견을 확인하였다. 여전히 지속적인 구역질과 구토로 NG-tube에 의존해왔고, 구강으로 음식을 섭취한 경험이 없었으나 의뢰한 후 조금씩 구강 섭취를 시도하고 있었다. 또한 현재는 튜브가 빠지는 바람에 모두 구강으로 섭취하고 있다.

AA는 란스톤(15mg), 싱귤레어(4mg), 리나치올(2.5mg/가끔)을 복용하고 있으며, 그린키위에 알레르기 반응을 보인다. 2010년 1월 5일 ○○병원 ○○○ 선생님이 실시한 베일리 발달평가(Bayler Developmental Test)에서 인지발달 7개월, 운동발달 4개월로 인지 영역과 운동 영역에서 모두 발달지연을 보인다는 결과가 있었다. 현재 AA의 키는 74.3cm, 몸무게는 9kg이다.

AA는 현재 구강 마사지나 구강 근력을 위한 재활치료(외래 및 홈티)를 주 6회 받고 있으며, 나머지 시간은 어머니가 구강 마사지를 해주거나 장난감을 가지고 함께 시간을 보내고 있다.

3) 문제행동

어머니의 보고에 따른 문제행동은 다음과 같다.

① 지속적 음식 거부
② 고개 돌리기
③ 구역질하기
④ 어머니 밀쳐내기, 목 긁기
⑤ 손발로 뿌리치기(숟가락 치기)
⑥ 자해행동(머리 쥐어뜯기, 손가락으로 귀 후비기, 얼굴 비비기, 목 긁기)

인터뷰 시 관찰된 문제행동은 다음과 같다.

- 고개 돌리기, 구역질, 울기, 칭얼거리기, 어머니와 젖병 및 숟가락 밀어내기

4) 행동 관찰

(1) 치료실 내 관찰

AA는 또래보다 조금 작은 체격에 아버지에게 안겨서 어머니와 함께 입실하였다. 치료실에서 부모님과 AA의 섭식장면을 관찰한 시간은 총 30분이었으며, 관찰하는 동안 AA가 섭취한 요거트의 총 양은 60~70g이었다.

처음 20분 동안에는 부모님과 AA 모두 치료실에 들어갔으며, AA는 어머니 무릎에 앉아 20분 내내 드럼장난감을 가지고 놀면서 먹었고, 아버지는 그 옆에 앉아 칭찬을 해주며 함께 놀아주었다. 처음 자리에 앉아 요거트를 먹기 전에 어머니가 젖병으로 물을 먹이려 하자 AA는 고개를 한 번 돌렸으며, 다시 어머니가 물을 제시하자 별다른 거부 없이 장난감을 가지고 놀며 물을 받아 마셨다. 어머니는 요거트를 숟가락에 아주 조금 담아 AA의 입술에 묻혀 제시하였고, AA는 별다른 거부 없이 받아먹었다. AA가 먹을 때마다 부모님은 "잘 먹네"하며 칭찬을 하였다.

나머지 10분 동안에는 장난감을 제거하고, 아버지도 치료실 밖으로 나와 AA와 어머니의 섭식장면을 관찰하였다. 10분 동안 AA는 요거트를 총 4숟가락 먹었고, 구역질 3회, 손으로 젖병 밀어내기 1회, 고개 돌리기 2회를 하였다. AA는 요거트가 입술에 닿으면 큰 거부 없이 받아먹었으나, 10분 내내 지속적으로 칭얼거리다가 6분 후부터 칭얼대는 정도가 심해져 울기 시작하였다. 어머니는 10분 동안 대부분 AA를 안고 토닥거려주거나 뽀뽀를 해주면서 요거트 한 통을 거의 다 먹였다.

(2) 섭식 동영상 관찰(집)

집에서 섭식장면을 촬영한 7분 정도의 동영상을 볼 수 있었다. AA는 어머니 무릎에 앉아서 동영상에 시선이 고정된 채 바나나와 요거트를 먹고 있었다. 바나나는 나무막대로 긁어서 먹었는데, 주로 고개를 흔들거나 손사래를 치는 방법으로 매번 거부하였으나 입에 바나나가 들어간 후로는 입을 움직이거나 음식을 삼키는 데 어려움이 없는 것을 관찰할 수 있었다. 요거트를 먹을 때는 어머니 목을 긁거나 옷을 잡아당기는 등의 조금 더 적극적인 거부행동을 보였으나 마찬가지로 입안에 음식이 들어간 후에는 머금고 있거나 뱉지 않고 5~10초 이내에 삼키는 모습을 볼 수 있었다.

5) 심리평가 도구

① 부모양육척도
② 아동용 행동평가 척도
③ 우울척도
④ 부모 효능감 척도
⑤ 행동 상황 테스트
⑥ 아동 섭취행동 검사
⑦ 부모의 식사 중 행동평가 척도
⑧ 아동 섭취행동 질문지
⑨ 아동 섭식행동 질문지

6) 심리평가 결과

별도의 해석지 첨부

7) 평가 도구

섭식초기평가지 및 인터뷰

8) 섭식평가 결과

다음은 섭식초기평가지와 인터뷰, 어머니가 기록한 섭식일지를 기본으로 작성한 결과이다.

(1) 섭식 방법

AA는 현재 어머니 무릎에 앉아서 DVD나 장난감, TV를 보면서 식사를 하고 있으며, 주로 컴퓨터가 있는 작은 방에서 식사를 진행하는데 TV가 있는 거실에서도 식사를 한다고 한다. DVD를 보는 동안에만 주로 급식을 진행하다가 최근에 거실에서 장난감을 가지고 놀게 한다거나 베란다와 주방으로 장소를 옮기는 등 변화를 시도해 봤으나 거부나 구역질이 줄어들지 않았다고 보고했다. AA는 평균 한 끼에 100~120cc 정도 양을 1시간~1시간 30분 동안 섭취한다고 한다. 먹이는 순서는 AA가 좋아하는 요거트나 과일 주스를 먼저 입술에 묻혀준 후 구역질을 하지 않으면 다음 음식(죽)으로 넘어가는데, 이때 과일 주스에 묻혀 주다가 점점 죽만 주는 방법을 사용한다. 죽을 다 먹고 나면 페디아슈어나 우유류를 앞과 같은 방법으로 주며, 마지막에 좋아하는 음식으로 마무리한다고 한다. 거부가 너무 심하거나 몸이 좋지 않을 때는 준비한 양을 다 못 먹일 때도 있으나 대부분은 식사의 종결은 어머니가 결정하며 거부해도 준비한 양은 모두 먹이려 한다고 한다.

어머니가 작성한 섭식일지에서 AA는 질감이 높거나 농도가 짙어질 때 구역질을 더 자주하며, 페디아슈어나 우유류를 마실 때 구역질, 짜증내기 등 거부행동이 더 심한 것을 알 수 있었다. 또한 최근 들어 구역질의 정도나 거부행동, 수행 정도가 점점 나빠지는 것을 알 수 있었다.

(2) 섭식 기술

AA는 생후부터 2009년 12월까지 장관급식으로 100% 섭취를 하고 있었다. 2010년 1월부터 5월까지 구강섭취를 30% 정도, 장관급식을 70%로 하루 총 850~950g 정도 유지했으며, 장관급식은 주로 AA가 잠든 이후에 실시했다고 한다. 평가 실시 3일 전(5월 11일)부터 콧줄이 실수로 빠진 이후로 모두 구강섭취를 하고 있다고 보고하였다. AA가 섭취하고 있는 질감은 간 음식이나 끈적한 액체류로, 긁은 바나나, 요거트, 페디아슈어, 과일주스, 아주 약간의 알갱이가 들어 있는 죽 등이다. 위의 음식들의 농도나 섭취량은 어머니가 정하는 데 요거트를 수제로 만들거나 이유식에 바나나 섞기, 페디아슈어를 다른 음식과 섞어서 먹이는 등의 여러 시도를 한다고 한다.

AA는 빨기나 베어 먹기, 씹기, 혀 움직이기 등의 구강운동과 관련된 기술이 부족하며, 음식의 온도나 질감에 지나치게 예민하여 같은 음식이라도 약간의 맛과 향이 달라지면 구역질을 심하게 한다고 한다.

(3) 섭식 행동 대처방법

AA이는 식사시간 중 거부행동을 보이는데, 손사래를 치거나 숟가락 치기, 어머니 밀쳐내기, 어머니 목 긁기, 숟가락이 입에 닿으면 습관적으로 구역질을 하거나 식사 중간에 자기 머리를 쥐어뜯거나 손가락으로 귀 후비기, 얼굴 비비기, 목 긁기와 같은 행동을 나타낸다고 한다. 또한 온몸이 젖을 정도로 땀을 많이 흘리며, 식사가 끝난 뒤 그 장소를 벗어나면 '해방감'을 느끼는 듯 표정이 밝아지거나 더 활발하게 장난감을 가지고 논다는 부모의 보고가 있었다. 그 이외에 AA는 실제로 토를 하는 것은 아니나 구역질을 자주 하는데 아침에 가장 심하고 식사시간에 평균 3~8회 나타나며, 큰 소리가 나거나 배에 자극이 갈 때도 나타나 하루에 평균 10~20회 정도 구역질을 한다고 한다. AA가 식사를 거부할 때 어머니는 먼저 달래는데 그래도 거부를 하면 엄하게 야단친다. AA가 울면서 입을 벌릴 때 구역질이 덜한 음식을 입에 넣어 주면서 칭찬을 많이 한다고 한다. 구역질을 해도 식사를 중단하지 않으며, 진정 후 다시 먹여서 구역질을 하지 않을 때 식사를 끝낸다고 한다. 어머니는 한 끼에 먹이는 음식을 다양하게 준비하고 AA가 거부행동을 보이면 다른 음식으로 바꿔주거나 남은 음식을 섞어서 주는 등 여러 방법을 사용하고 있다.

9) 어머니 인터뷰

AA는 바나나와 과일주스를 좋아하는 편이라고 한다. 평소에 어머니가 책을 읽어주거나, 음악듣기를 하며, 식구들의 관심을 받으면서 놀기를 좋아하고, 실로폰이나 북, 딸랑이 같은 소리 나는 장난감을 주로 좋아한다고 한다. AA는 아직 옹알이를 하는 수준의 발달을 보이며, 울거나 칭얼거리는 방법으로 의사를 표한다.

기관지폐이형성증으로 인해 자고 일어나면 콧물 가래가 항상 끓어서 아침에 먹이기 가장 힘들다고 하며, 구강 마사지를 30여 분 시행한 후에 이유식을 시작한다고 한다.

AA는 작업치료를 하는 날과 아닌 날로 하루 일정이 바뀌는데 자는 시간이 특히 달라지는 것을 볼 수 있었다. 또한 5월 17일을 전후로 밤에 숙면을 취하지 못하며, 복부팽만감으로 배변에 어려움, 약간의 미열과 토사물이 올라오지는 않지만 구토에 준하는 구역질을 여러 번 했다고 한다.

10) 섭식행동평가 요약

AA는 신체적인 상태를 원인으로 생후 12개월까지 구강으로 섭취 경험을 할 수 없었다. 지난 1월부터 장관급식을 유지하면서 구강 섭취를 시작하였으나 잦은 구역질과 심한 문제행동으로 식사하는 데 큰 어려움이 있다. 구강섭취를 처음 시작했을 때보다 현재 구강으로 섭취하는 양과 질감 및 농도가 현저히 증가했으나 거부행동이나 심한 구역질도 함께 나타나는 것을 알 수 있다.

아동 섭취행동 검사(K-CEBI)와 부모의 식사 중 행동평가 척도(PMAS), 아동 섭취행동 질문지(CEBQ), 아동 섭식행동 질문지(CFQ)를 실시한 결과, AA의 현재 섭식문제는 또래 아이와 비슷한 수준이나, 음식을 먹으려고 하기보다는 피하거나 거부하려는 행동을 더 보임이 보고되었다. 이는 직접관찰에서 관찰된 아동의 행동과도 일치한다. 따라서 전반적인 섭식행동 및 환경의 개선과 훈련이 필요하다. AA의 부모님은 아동 섭식에 대한 책임감이 높은데, 이는 아동의 상태를 개선하기 위해 좋은 요소가 될 수도 있으나, 과도한 책임감은 아동에게 무리한 요구를 하여 섭식 관련 행동변화를 악화시키는 요소로 작용할 수 있기 때문에 부모교육이 필요할 것으로 보인다. 또한 AA는 수면이 불규칙해지거나 변비 등으로 배변에도 어려움이 있다. 이러한 신체상태도 섭식에 많은 영향을 줄 수 있으므로 일상생활과 연관된 하루 일과를 일정하게 유지하는 등 식사를 하는 데 도움이 되는 환경을 조성하는 것이 중요하다.

11) 권고

(1) 주 1회 섭식 부모교육을 권합니다.

부모교육은 부모님이 치료실에서 AA를 직접 가르치는 방법을 배우고 집에서 바로 적용할 수 있도록 고안된 적극적인 부모 참여 프로그램입니다. 하루 중 여러 번 반복되는 식사를 수행하고 AA의 행동을 다루는 어머니의 구체적인 기술습득이 필요합니다. 또한 섭식행동에 대한 대처방법을 일관적이고 적절하게 지속하셔야 하며 작은 변화로도 행동의 양상이 변할 수 있기 때문에 전문가의 조언이나 감독이 반드시 필요합니다. 교육은 치료 대기 기간에 일주일에 1회 집단으로 행동치료의 이론과 함께 집에서 실습할 수 있는 교육을 받으실 수 있습니다.

▪ AA는 현재 850~950g 정도로 성장에 필요한 열량을 구강으로 섭취하는 것이 가능한 것으로 보고하셨습니다. 따라서 적절한 식사행동을 배우고 전반적인 식사방법을 가정에서 적용하는 것을 주 목표로 할 수 있겠습니다. 그러나 거부행동에 대한 대처가 어려워 섭취량이 감소하거나 급식으로 인한 급식자와 아동 모두의 스트레스가 심할 경우 장관급식으로 필요한 영양을 섭취하는 것이 앞으로 적절한 섭식행동을 기르고 일정한 섭취량을 유지하는 데 필수사항입니다. 더불어 섭취에 필요한 구강 운동을 꾸준히 하여 먹고, 씹고, 삼키는 기술을 증진시키는 훈련을 위한 전문적인 개입이 필요할 것입니다.

(2) 섭식 방법

가) 현재 진행하는 식사 시 권고사항

① 현재 AA가 식사하는 시간이 1시간~1시간 30분 정도 소요되는데 14개월의 아이가 견디기에 너무 긴 시간입니다. 양을 적게 하여 하루 중 여러 번 나누어 먹이거나 식사시간 중간에 조금씩 쉬는 시간을 주는 방법으로 식사시간 자체에 부담을 줄여주는 것이 필요합니다.

② 섭식 스케줄

일정 시간 동안 일정한 장소에서 정해진 양을 먹도록 합니다.

다른 활동도 일정한 시간을 정해 일정대로 생활할 수 있도록 합니다.

※ 다음의 방법은 섭식치료 초기에 시행하는 방법으로 AA 상황에 맞도록 구체적인 시간이나 횟수를 조절할 필요가 있으며, 반드시 전문가의 도움을 받아서 진행하셔야 합니다.

나) 섭식 훈련

① AA 혼자 식탁의자에 앉을 수 있도록 합니다.

현재 AA는 어머니 무릎 위에서 식사를 진행하고 있습니다. 앞으로 적절한 식사행동을 위한 첫 단계로 식탁의자에 앉아서 기분 좋은 경험을 하도록 하는 것입니다.

- 현재 진행하고 있는 식사방법이나 시간과 별개로 식탁의자에 앉아만 있어도 칭찬과 관심을 많이 주시고, AA가 좋아하는 소리나는 장난감을 1분 정도 주십시오(타이머를 사용하여 시간이 나면 내려오는 것도 연습합니다). 처음에는 하루 중 일정한 시간을 정하여 하루 10회 정도 실시하십시오. 식탁의자와 좋은 경험을 연합시키는 과정임으로 처음에는 음식과 관련된 어떠한 자극도 주지

않는 것이 좋습니다.

- 식탁의자에 앉는 것이 더 이상 어렵지 않으면 그 다음 단계는 AA가 입술에 숟가락을 대기만 하면 위와 같이 칭찬과 장난감을 1분 정도 제공하십시오. 숟가락을 입술에 댈 때 나타나는 거부행동에는 아무런 반응을 보이지 마시고, 입술에 닿았을 때만 칭찬해 주십시오. 위와 같은 방법을 한번에 4~5회를 하루 3회 이상 반복합니다. 현재 단계(숟가락이 입술에 닿는 것)까지 적어도 3~5일 이상 거부행동을 보이지 않아야만 다음 단계로 넘어갈 수 있습니다.
- 다음 단계로 AA가 좋아하는 주스나 바나나를 숟가락에 찍어서 주는 것입니다. 위와 마찬가지로 칭찬과 장난감을 제공하되 30초 정도로 줄이시고, 한번에 5회 정도 실시합니다.
- 다음 단계는 숟가락에 묻은 음식의 양을 점차로 늘리는 것입니다. 이때 너무 급하게 양을 늘리면 다시 거부행동이 늘어날 수 있습니다. 따라서 이 단계에서 거부행동 없이 세션 진행을 5~7일 정도 유지했을 때 양을 늘리는 것이 중요합니다.

② AA가 쉽게 먹을 수 있는 음식의 질감을 찾습니다.

현재 AA가 먹고 있는 질감은 끈적한 요거트나 긁은 바나나, 죽이나 이유식 등으로 질감이 다양합니다. 다만, 어머니가 작성해주신 식사 및 행동일지에서 질감이 높거나 농도가 짙을 때 구역질을 더 심하게 하는 것을 알 수 있었습니다. 또한 발달척도에서 운동영역이 4개월로 음식을 씹거나 농도가 짙은 음식을 먹는 것이 어려울 수 있습니다. 따라서 AA에게 맞는 질감으로 섭식훈련을 시작하는 것이 중요합니다. AA가 편히 먹을 수 있는 질감으로 섭취량을 유지할 수 있도록 합니다. 질감을 늘리는 것이 시간이 오래 걸릴 수 있으므로 현재 목표는 거부행동을 최소로 식사시간을 보낼 수 있도록 하는 것입니다. AA에게 맞는 질감의 음식을 거부행동이 거의 없이 충분한 양을 섭취할 수 있다면, 그 다음에 아주 조금 질감을 높여서 비율을 조정하여 제시하고 다시 그 비율을 높이는 방법을 위와 같이 늘리는 방법이 있습니다.

다) 식사시간 중 거부행동 대처방법

AA가 식사시간에 보이는 거부행동은 음식을 입에 넣거나 삼키는 것을 지연시키기 위한 모든 행동이라고 할 수 있습니다. 따라서 기본적으로 거부행동이 일어나지 않을 정도의 질감과 양, 시간을 먼저 고려한 후에 시작하는 것이 중요하며, 환경적인 요건이 충족된 후에 발생하는 행동은 일관적으로 대하는 것이 중요합니다.

① 식사시간 동안 AA가 음식을 먹거나 적절한 행동을 할 때만 관심과 칭찬을 줍니다.

이것은 반대로 거부행동을 할 때 관심을 주지 않는 것과 상응합니다. 따라서 숟가락 뿌리치기, 목 긁기, 구역질을 하거나 우는 등의 모든 거부행동을 했을 때, 식사를 중단하시거나 언어적(어~AA 잘 먹지, 하지마 아프잖아, 잘 먹어야지~)·신체적인 관심(쓰다듬기, 뽀뽀하기, 얼러주기 등)을 주지 않도록 해주십시오. 대신 잘 받아먹었거나 잘 삼켰을 때는 아주 큰 관심과 칭찬을 해주시기 바랍니다.

② AA가 거부행동을 보여도 음식이 입에 들어갈 때까지 숟가락을 철회하지 않습니다.

AA가 하는 거부행동은 음식 먹는 것을 회피하기 위한 여러 방법일 수 있습니다. 따라서 어떤 거부행동이 나타나더라도 한 번 "먹자"하고 숟가락을 제시했다면, 입 안에 음식을 넣을 때까지 입 앞에서 멀어지지 않도록 유지해야 합니다. 고개를 돌린다면 돌리는 대로 숟가락이 입을 따라가야 하며, 이 방법을 수행하는 중에도 언어적인 촉구나 관심을 주지 않고 벌릴 때까지 기다리는 것이 중요합니다.

음식을 앞에 두고 구역질을 할 때는 진정이 될 때까지 입 안에 음식을 넣지 마시고, 배를 문질러야 할 때에도 눈맞춤이나 언어적인 반응 없이 최소한의 접촉만 해주십시오.

③ <u>거부행동으로 안전상의 문제가 없도록 사전에 철저한 준비를 해야 합니다</u>.

위와 같이 거부행동에 무관심하기 위해서는 안전한 환경인지에 대한 준비가 필요합니다. 고개 돌리기, 어머니 밀쳐내기, 목 긁기, 손발로 뿌리치기(숟가락 치기) 등의 행동은 급식자 이외에 안전하게 행동을 제지할 도우미가 있거나, AA가 움직이면서 거부행동을 하지 못하도록 안전한 식탁의자를 사용하는 것도 좋은 방법입니다. 또한 어머니가 보고하신 머리 쥐어뜯기, 손가락으로 귀 후비기, 얼굴 비비기, 목 긁기 등은 식사 중 AA에게 장갑을 끼거나 다른 대체할만한 물건(너무 매력적이지 않은 것으로)을 손에 쥐어 주는 것도 하나의 방법이 될 수 있습니다.

※ 다음은 섭식에 관련된 추천 도서입니다. 섭식방법에 대한 구체적인 이론과 방법이 제시되어 있으므로 반드시 숙지하여 적용하시기 바랍니다.

『잘 안 먹는 우리 아이 다루기』 윌리엄스 폭스 지음 / 정경미, 이승아

번역 / 시그마 프레스

(3) AA이와 접하는 모든 사람들이 지속적이고 일관적으로 행동하셔야 합니다.

AA가 보이는 섭식문제는 최근 발생한 것이지만 수술 등으로 인해 입에 들어오는 자극이 혐오스러운 것이라는 학습을 주로 해왔을 가능성이 있습니다. 초기에 학습되어 몸에 배어 있는 것이기 때문에 행동이 변화하는 데 긴 시간이 필요할 수도 있습니다. 또한 AA에게 맞는 여러 방법들을 꾸준히 적용시켜봐야 그 효과를 파악하여 유지할 수 있기 때문에, 작은 변화로부터 순차적이고 지속적으로 이루어질 수 있도록 AA를 보살피는 모든 보호자(부모님, 할머니, 할아버지 등)가 일상생활에서 일관되게 적용하여야 합니다.

(4) 섭식 일지 기록

어머니가 그동안 해 오신 것과 유사하게 섭식에 관련된 일지를 기록하시는 것이 좋습니다. 섭식일지를 기록하는 목표는 AA의 섭취내용에 대한 자료를 얻어서 변화를 살펴보고 다음 단계를 계획하는 데 중요한 지표가 됩니다. 섭취질감이나 섭취량, 거부행동의 빈도와 강도, 급식자의 스트레스 정도를 수치화하여 그래프를 그리면 그 변화를 한눈에 살펴볼 수 있습니다. 다음은 기록지의 예이며, 여기에 음식의 질감, 섭취량, 구역질 빈도 등을 첨가하여 변화를 알 수 있도록 합니다.

하루일과표

날짜 :

시간	기간	일과	음식종류/양	아이의 수행정도	밥먹이기 스트레스 정도
				1점=매우 나쁨 ~ 10점=매우 좋음	1점=매우 적음 ~ 10점=매우 큼
				1 2 3 4 5 6 7 8 9 10	1 2 3 4 5 6 7 8 9 10
				1 2 3 4 5 6 7 8 9 10	1 2 3 4 5 6 7 8 9 10
				1 2 3 4 5 6 7 8 9 10	1 2 3 4 5 6 7 8 9 10
				1 2 3 4 5 6 7 8 9 10	1 2 3 4 5 6 7 8 9 10
				1 2 3 4 5 6 7 8 9 10	1 2 3 4 5 6 7 8 9 10
				1 2 3 4 5 6 7 8 9 10	1 2 3 4 5 6 7 8 9 10
				1 2 3 4 5 6 7 8 9 10	1 2 3 4 5 6 7 8 9 10

(5) 수면 위생 방법

다음의 방법으로 잠자는 습관과 환경을 조성하는 것이 수면과 관련된 연구에 의해 효과가 증명된 바 있습니다. AA의 연령에 맞는 수면 시간을 유지하면서 다음의 사항들을 숙지하시고 지켜주시는 것이 중요합니다.

가) AA가 잠들기 전까지의 일과를 규칙적이고 지속적으로 따르게 합니다.

현재 AA가 잠들기 전까지의 정해진 일과가 있으면 그대로 진행하셔도 좋습니다. AA가 10시에 잠든다고 했을 때 항상 저녁 9시가 되면 "잠자기 준비 시작하자"라고 AA에게 말한 후, 매일 같은 순서의 일을 진행합니다. 예를 들어 다음과 같은 행동들이 있습니다.

① 화장실에서 양치, 세수, 샤워나 목욕

② 잠옷 입기

③ 침대나 이불 위에 눕기

④ 조용한 음악 듣기

※ AA가 잠들 때까지 어머니가 정하신 일과대로 행동하면서 AA이가 이제 잠잘 시간이며 잠잘 준비를 해야 한다는 것을 알 수 있도록 지속적으로 하시는 것이 중요합니다. 낮잠도 마찬가지로 어머니가 정한 시간에 분위기를 조성하시고, 일정 시간이 되면 일어날 수 있도록 해 주십시오.

나) AA가 잠자는 방에 자극이 될 만한 물건들은 치웁니다.

장난감, 음식, 텔레비전 등. 또한 자극적인 놀이는 피하는 것이 바람직합니다.

다) "수면일지(sleep diary)"을 만들어 AA가 잠자는 시간이나 깨서 한 행동 등을 기록하면 잠자는 패턴이나 양상을 확인해 볼 수 있습니다.

일지를 따로 쓰기 어려우시면 섭식일지에 수면의 질이나 시간을 함께 기록해 주시는 것도 좋습니다.

서울○○○○○병원

심리검사 결과 해석지

이 름: AAA	생 년 월 일: 20**. **. **
평 가 일: 20**. **. **	작 성 자: CCC, DDD

12) 시행 검사

유아용 행동평가 척도, 아동 섭취행동 검사, 부모의 식사 중 행동평가 척도, 아동 섭취행동 질문지, 아동 섭식행동 질문지, 부모 양육스트레스 검사, 부모 효능감 척도, 행동 상황 테스트, BECK 우울 척도

※ **부모 양육스트레스 검사는 빠진 문항이 많아 결과가 나오지 않았습니다.**

13) 검사결과 요약

(1) 아동

AAA는 전반적인 내재화된 문제와 외현화된 문제가 또래 아동들에 비해서 심각한 수준인 것으로 보고되었습니다. 전체적인 검사 결과를 종합하여 보아 문제행동에 대하여 적절한 도움을 주시는 것이 필요합니다. 특히 위축, 신체적 불편, 우울/불안, 정서적 반응, 주의집중, 수면문제와 같은 문제에 대해서 세심한 관찰이 필요하며 전문가의 도움을 받기를 권장합니다. 또한 아동의 현재 섭식문제는 또래 아이와 비슷한 수준으로 정상입니다. 다만, 아동이 음식을 먹으려고 하기보다는 피하거나 거부하려는 행동을 더 보이고, 부모님이 아동 섭식에 대한 책임감이 높은 것으로 판단됩니다.

(2) 부모님

AAA의 부모님은 같은 연령대와 비교하여 뚜렷하게 높은 수준의 우울감을 보고하셨습니다. 또한, 아이를 양육하는 데 전반적으로 어려움을 경험하고 계시며 이에 대한 효능감도 비슷한 또래를 양육하는

부모님들에 비해 낮은 수준입니다.

14) 권고사항

(1) 아동용

① 유아용 행동평가 척도(K-CBCL)

검사소개

이 검사는 Achenbach(1991)가 제작한 Child Behavior Checklist를 번역하여 표준화한 것으로 만 1.5~2세 영유아를 대상으로 그 부모가 아동의 사회적 적응 및 문제행동을 설문형식으로 평가하는 도구입니다. 검사는 정서적 반응성, 우울 및 불안, 신체적 불편, 위축을 나타내는 내재화 척도와 주의집중 문제, 공격성 등의 외현화 척도 등으로 구성되어 있어 정서행동문제뿐만 아니라 영유아의 적응능력 평가도 병행하고 있습니다.

검사결과

<table>
<tr><th colspan="9">문제행동증후군 척도</th><th rowspan="3">총 문제행동</th></tr>
<tr><th colspan="4">내재화 척도</th><th rowspan="2">내재화 총점</th><th colspan="2">외현화 척도</th><th rowspan="2">외현화 총점</th><th rowspan="2">수면 문제</th></tr>
<tr><th>위축</th><th>신체적 불편</th><th>우울/불안</th><th>정서적 반응</th><th>주의집중</th><th>공격성</th></tr>
<tr><td>85</td><td>98</td><td>90</td><td>93</td><td>95</td><td>98</td><td>54</td><td>72</td><td>74</td><td>88</td></tr>
</table>

결과해석

부모님의 보고에 따르면, AAA의 총 문제행동 점수는 88점으로 또래 집단에 비하여 보이는 문제행동의 정도나 양이 임상범위에 속합니다. 하위 척도 중 내재화 문제 점수의 총점은 95점으로 임상범위에 속하며, 비행/공격행동과 같이 외현화 문제의 총점은 72점으로 임상범위에 속하고 있습니다. 결과에 의하면, 전반적인 내재화된 문제의 총점이 또래와 비교하여 임상범위로 보고되었고, 위축, 신체적 불편, 우울/불안, 정서적 반응의 영역에서 임상범위 또는 임상적 경계에 속하는 점수를 보고하여, 또래보다 이 영역에서 어려움을 겪고 있는 것으로 보고되었습니다. 따라서 AAA는 숫기가 없고 다른 아이들보다 어리게 행동하거나 소극적으로 활동하는 위축증상에서 임상범위 수준의 문제행동을 보일 수 있습니다. AAA는 어지러움, 피곤, 배앓이, 구토, 두통 등과 같은 신체 증상에서 임상범위 수준의 문제행동을 보일 수 있습니다. AAA는 겁이 많고 부모와 떨어져 있기 불안해하거나 긴장, 슬픔 등의 우울과 불안 증상에서 임상범위 수준의 문제행동을 보일 수 있습니다. AAA는 짜증을 내거나 감정 기복이 심하고 새로운 상황에서 심하게 불안해하는 증상에서 임상범위 수준의 문제행동을 보일 수 있습니다. 또한, 전반적인 내재화된 문제의 총점이 또래와 비교하여 임상범위로 보고되었고, 주의집중의 영역에서 임상범위 또는 임상적 경계에 속하는 점수를 보고하여, 또래보다 이 영역에서 어려움을 겪고 있는 것으로 보고되었습니다. 그러므로 AAA는 안절부절 못하고 한자리에 있지 못하거나 한 가지 일에 오래 주의를 기울이지 못하는 증상에서 임상범위 수준의 문제행동을 보일 수 있습니다. 수면 영역에서 AAA의 점수는 74점으로 임상범위로 잠자리에 들기 어려워하거나 악몽, 수면 부족 등의 문제행동을 보일 수 있습니다. 부모님의 보고에 따른 전체적인 검사 결과를 종합하여 보아 문제행동에 대하여 적절한 도움을 주시는 것이 필요합니다. 특히 위축, 신체적 불편, 우울/불안, 정서적 반응, 주의집중, 수면문제와 같은 문제에 대해서 세심한 관찰이 필요하며 전문가의 도움을 받기를 권장합니다.

② 한국형 아동 섭취행동 검사(K-CEBI) 검사

검사소개

한국형 아동 섭취행동 검사는 Archer 등(1991)에 의해 개발된 척도를 김혜진, 정경미, 박미정(2008)이 국내 실정에 맞게 표준화한 검사로, 만 2세에서 12세까지의 아동의 음식 섭취 및 섭취행동을 파악하는 것을 목적으로 하고 있습니다. 총 27문항으로 이루어져있으며, 아동의 전반적인 식사 문제, 식사 시 문제행동, 상차림 돕기, 금지식품 섭취에 대한 내용을 다루고 있으며, 아동의 식사 중 부모 스트레스 또한 측정하고 있습니다. 미취학 아동의 경우 76점 이상, 취학 아동의 경우 67점 이상일 때 경미한 수준의(임상적 경계 수준) 문제가 있는 것으로 판단됩니다. 한편 미취학 아동의 경우 90점, 취학 아동의 경우 79점 이상일 때 임상적으로 섭취에 문제가 있음을 의미합니다.

검사결과

	전반적 식사문제	식사 시 문제행동	상차림 돕기	금지식품 섭취	식사 중 부모스트레스	총점
점수	13	9	5	3	31	73

결과해석

AAA 섭취행동검사 점수는 73점으로, 현재 아동의 전반적인 음식 섭취 및 섭취행동과 관련해 문제가 없는 것으로 보고되었습니다. 앞으로도 건강한 식사습관을 유지할 수 있도록 현재와 같은 방법으로 지도하시길 권합니다.

③ 한국형 부모의 식사 중 행동평가 척도(K-PMAS)

검사소개

한국형 부모의 식사 중 행동평가 척도는 Hendy, Williams, Camise, Eckman과 Hedemann(2008)에 의하여 개발된 평가 척도로, 부모가 사용하는 식사시간의 행동을 통해 아동의 식습관 및 체중 상태의 변동을 설명하기 위해 개발된 척도입니다. 만 1세에서 10세까지의 아동에게 사용되며, 본 척도에서 측정하는 7가지 행동 중 어떠한 행동을 가장 많이 사용하는지 그 행동의 빈도에 따라 순위를 매기는 형식으로 채점됩니다. 본 척도에서 측정하는 부모의 식사 중 행동은 간식 제한(Snack Limit), 섭취 주장(Insistence on Eating). 과일 채소 섭취(Daily FV Availiable), 긍정적 설득(Postive Persuasion), 보상 사용(Use of Reward), 부모의 간식 섭취(Snack Modeling), 음식의 다양성(Many Food Choices), 저지방식(Fat Reduction) 그리고 특식 제공(Special Meals)의 9가지로 이루어져 있습니다.

결과점수

	간식 제한	긍정적 설득	과일 채소 섭취	보상 사용	섭취 주장	부모의 간식 섭취	특식 제공	저 지방식	음식의 다양성
점수	1.00	2.75	2.33	1.25	3.00	1.00	1.75	1.00	1.50

결과해석

AAA 부모님의 점수 결과, 아동과 식사 중 섭취 주장, 긍정적 설득을 가장 많이 사용하는 것으로 보이며, 간식제한, 부모의 간식 섭취, 저지방식의 행동은 거의 보이지 않는 것으로 판단됩니다.

④ 한국형 아동 섭취행동질문지(K-CEBQ)

검사소개

아동 섭취 행동 질문지(Children's Eating Behavior Questionnaire; 이하 CFQ)는 부모가 평가하는 척도로 만 2세에서 9세까지의 아동들에게 사용되며 음식에 대한 반응(Food responsiveness), 음식에 대한 선호(Enjoyment of food), 음료 섭취(Desire to drink), 배부름에 대한 민감도(Satiety responsiveness), 식사 속도(Slowness in eating), 감정에 따른 섭취(Emotional undereating/overeating), 편식(Food Fussiness) 등을 평가합니다. 이 하위 요인들은 음식에 대한 접근, 음식에 대한 회피로 다시 나뉘어집니다. CEBQ에서 측정하는 위의 요인들은 기존 연구들을 통해 아동의 체중을 예측하는 데 유용한 것으로 알려져 있습니다.

결과점수

	음식에 대한 접근	음식에 대한 회피
점수	17	64

결과해석

AAA 음식에 대한 접근 점수는 17점, 음식에 대한 회피 점수는 64점입니다. 아동은 음식에 대한 접근 행동은 평균보다 낮게, 음식에 대한 회피 행동은 평균보다 높게 사용하고 있습니다.

⑤ 한국형 아동 섭식행동 질문지(K-CFQ)

검사소개

아동 섭식행동 질문지(Children Feeding Questionnaire; 이하 CFQ)는 아동의 섭식문제에 대한 부모의 생각, 태도 그리고 섭식과 관련한 부모의 실제 행동과 아동의 체중 경향성을 함께 측정하는 척도로 만 2세에서 11세까지의 아동들에게 사용되며, 책임감 인지Perceived responsibility), 부모 체중 인지(Perceived parent weight), 아동 체중 인지(Perceived child weight), 아동 체중에 대한 걱정(Concern about child weight), 제한(Restriction), 섭식에 대한 압력(Pressure to eat), 모니터링(Monitoring) 등을 평가합니다. 총점이 높을수록 아동의 섭취문제에 대한 부모의 걱정이 심각함을 의미합니다.

결과점수

	책임감 인지	부모체중인지	아동체중인지	아동체중에 대한 걱정	제한	섭식에 대한 압력	모니터링	총점
점수	15	10	3	3	8	19	15	73

결과해석

AAA 부모님의 섭식행동질문지 점수는 73점으로, 현재 아동의 전반적인 음식 섭식에 대한 걱정을 평균보다 적게 하고 있는 것으로 판단됩니다. 다만 아동 섭식에 대한 압력 점수가 평균보다 높아 아동을 먹여야 한다는 생각이 다른 부모님들에 비해 큰 것으로 보입니다.

(2) 부모용

① 부모 효능감 척도

검사소개

이 검사는 Teti & Gelfand(1991)가 제작한 Maternal Efficacy Scale을 한국어로 번역한 것으로 부모님께서 아이 양육과 관련한 상황들에 얼마나 효율적으로 대처하실 수 있는지를 측정하는 척도입니다. 부모님께서 아이를 키우시면서 마주할 수 있는 구체적인 상황들에 대한 대처를 묻는 문항들과 전반적인 부모님의 효능감을 묻는 문항들로 구성되어 있습니다. 부모 효능감의 평균은 33.05점입니다.

검사 결과

AAA 아버님이 양육과 관련하여 느끼고 계시는 효능감은 17점으로 평균보다 매우 낮은 수준으로 나타났습니다. 전반적으로 아이를 키우시면서 마주할 수 있는 상황에 어려움을 느끼고 계시나, 특히 부모님께서 원하시는 것을 아이에게 이해시키기와 아이를 부모님께 집중시키기, 일상적인 양육 행동(먹이기, 옷 입기, 씻기기 등)과 같은 영역에서 어려움을 느끼고 계시는 것으로 평가됩니다.

AAA 어머님이 양육과 관련하여 느끼고 계시는 효능감은 26점으로 평균보다 다소 낮은 수준으로 나타났습니다. 부모님께서 원하시는 것을 아이에게 이해시키기와 아이를 부모님께 집중시키기 등에 대해 어려움을 겪고 계시며 일상적인 양육 행동(먹이기, 옷 입기, 씻기기 등), 본인이 느끼는 양육 효능감과 같은 영역에서도 다소 어려움을 느끼고 계시는 것으로 평가됩니다.

② 행동 상황 테스트

검사소개

이 검사는 문제행동이 발생하는 상황에서 부모님들이 효과적으로 대처하는 지식을 알아보는 검사이며 20점 만점으로 이루어져 있습니다.

검사결과

AAA 부모님의 문제행동 상황에 대한 지식 검사의 점수는 9점입니다. 이는 아이를 양육할 때 마주하게 되는 여러 가지 문제행동이 발생하는 상황에 효율적인 방법으로 대처하실 수 있는 이론적 지식을 얼마나 가지고 계신지 알아본 것입니다. 앞으로 교육 등을 통해 지식을 얻어 활용하시면 아이의 문제행동을 더 적절한 방법으로 다루실 수 있습니다.

③ BECK 우울 척도

검사소개

BDI는 Beck 등(1984)에 의해 개발된 검사로, 우울의 정서적 · 인지적 · 동기적 · 생리적 증상 영역을 포함하는 21문항으로 이루어져 있으며, 우울환자들에게서 관찰 가능한 행동적 증상들로 구성되어 있는 자기보고식 척도입니다. 총점의 범위는 0~63점이고, 16점 이상일 경우 우울감이 유의미하게 높은 것으로 해석되며, 점수가 높을수록 우울 정도가 심한 것으로 볼 수 있습니다.

검사결과

AAA 어머님의 우울척도 점수는 23점으로, 같은 연령대와 비교하여 뚜렷하게 높은 수준의 우울감을 보고하셨습니다. 여러 두통, 체증, 불면 등의 신체 증상이나 체중의 증감, 짜증나고 울화가 치미는 경향, 삶이 재미없다는 느낌 등이 모두 우울증의 일환일 수도 있습니다. 우리나라의 평균 우울수준이 다소 높아 심각한 문제를 의미하지는 않으므로 기분전환과 활력을 위한 운동이나 취미생활, 우울감 극복을 위한 기타 노력과 지속적 관찰을 권장합니다. 또한 6개월 후 재검사를 받아보실 것을 권합니다.

2. 사례 2

직접 관찰에 의한 기능행동평가보고서와 어머니의 설문결과인 심리결과 해석지는 다음과 같다.

서울○○○○○병원

기능 행동 평가 보고서

이름/성별: BBB / 남	등 록 번 호: 3****
생년월일/나이: 20**년 **월 **일 / 만3세	학교/학년: ******
평 가 일: 20**년 **월 **일	작 성 자: EEE

1) 의뢰사유

BB는 심각한 섭식문제와 주먹으로 얼굴을 때리는 행동, 소변 참기 등으로 일상생활에 어려움이 있어 ○○병원 ○○○ 선생님이 본 병원 ○○○ 선생님에게 의뢰하였고, 본 치료실에서 평가를 진행하였다.

2) 배경정보

BB는 원래 어머니와 아버지와 함께 살고 있었으나, 섭식거부로 ○○병원에 2주 입원한 후 퇴원하면서 할아버지 댁에서 조부모님, 부모님과 함께 지내고 있다. BB는 2.8kg으로 태어났으며 경미한 황달이 있었고, 망막이상을 원인으로 한 저시력이며 시각장애 진단을 받았다. 섭식이나 배변에 관련된 검사를 받은 결과 신체적이나 의학적인 다른 소견이 없이 건강하다고 한다. 시각장애아동에게 실시하는 발달검사를 받을 수 없어서 지능이나 발달검사를 받아보지 못했다. 2009년부터 섭식문제로 입원하기 전까지 주 1회씩 언어치료, 인지치료, 감각통합치료, 사회체육 수업을 받으며 통합유치원을 다니고 있었으나 현재는 놀이치료만 주 2회 받고 있다. 약은 복용하고 있지 않으며, 시력을 보조하기 위한 안경을 썼으나 현재는 잘 쓰려고 하지 않는다고 한다.

3) 문제행동

어머니의 보고에 따른 문제행동은 다음과 같다.

① 음식 거부

② 주먹으로 얼굴 때리기

③ 소변 참기

인터뷰 시 관찰된 문제행동은 다음과 같다.

• 주먹으로 얼굴 때리기

4) 관찰 요약

BB는 처음 어머니와 인터뷰를 진행하는 당시에는 처음 의뢰했을 때보다 먹는 양이 늘어났으나 퇴원하면서 몸을 움직이기 어려운 상황이었다. 또한 인터뷰를 진행하러 낯선 치료실에 오게 되면 섭식 거부가 재발할 것을 염려하여 어머니만 인터뷰를 진행하였다.

직접 관찰 대신 어머니가 가져오신 어린이집에서의 활동모습과 집에서 현재 식사하는 모습을 담은 동영상을 관찰할 수 있었다. BB가 어린이집에서 뛰노는 모습이나 음식을 먹는 모습을 동영상으로 볼 수 있었는데, 입원하기 전 모습으로 안경을 착용하고 있었다. 화장실에 가서 소변도 혼자 볼 수 있었으며, 평균대를 왕복하거나 기차놀이를 하고 미끄럼을 타는 데 어려움이 없었고, 이리 오라는 등의 교사의 지시를 잘 따르는 모습을 확인할 수 있었다. 점심시간에는 어린이집에서 식판 앞에 앉아 음식을 떠서 먹는 모습이 자연스러웠으나 먹는 속도가 매우 느렸다. BB가 병원에서 퇴원한 후 집에서 밥을 먹기 시작했을 때의 동영상에서 BB는 할아버지 무릎에 앉아 양 손을 붙잡고 어머니가 숟가락으로 떠먹이고 있었는데, 한 숟가락의 양이 보통 어른이 먹는 크기 정도였으며 씹거나 삼키는 데에 어려움이 없어 보였다.

어머니 인터뷰를 진행하고 일주일이 지나 BB의 몸이 호전되어 치료실을 방문하게 되었고, BB가 거의 걷지 않다가 관찰 바로 전날부터 조금씩 걷기 시작하였다고 하여 짧은 시간 관찰할 수 있게 되었다.

BB는 또래와 비슷한 체격으로 할머니 품에 안겨 본 치료실에 들어왔으며 신발을 벗으려고 내려놓자마자 얼굴을 주먹으로 때리는 행동을 시작했다. BB를 관찰한 시간은 약 25분이었으며, 주먹으로 광대나 관자놀이 근처를 때리는 행동은 총 252회로 분당 10회 정도로 나타났는데 처음에는 아주 약한 강도로 웃으면서 거의 시늉만 하다가 지시 따르기를 하면서 점점 세어져 상호작용이 불가능해졌다. 얼굴을 때릴 때마다 어머니가 BB의 두 손을 대부분 잡고 있거나 아프다고 만져주었고, BB의 장난감을 바꿔주기도 하였다. 얼굴을 때리는 행동은 주로 BB에게 지시를 했을 때나 어머니가 BB와 떨어져 있을 때 나타났다. 혼자 노는 모습을 관찰하기 위해 어머니와 잠시 떨어져 있을 때 때리는 행동의 강도가 점점 세져 관찰자가 BB의 손을 막으려고 할 때 관찰자의 손을 잡으려고 끌어당기는 행동이 나타났다.

어머니와 상호작용을 관찰하기 위해 먼저 놀이 상황을 10분간 관찰했는데, 주로 소리 나는 피아노 장난감과 웨이브 드럼, 집에서 하던 꼭지 퍼즐 등을 함께 가지고 놀았다. 어머니는 BB가 얼굴을 때릴 때마다 다른 장난감을 제시하거나 때린 곳을 만져주었으며, 꼭지퍼즐을 할 때마다 크게 칭찬해주었다. 지시조건에서 BB는 휴지를 넣는다거나 양말 벗기, 고리 끼우기, 블록을 끼우거나 통에 넣는 등의 엄마의 지시에 대부분 순응하지 않았으며, 천장에 있는 불을 바라본다거나 다음 지시를 할 때 자신의 마음대로 통에 넣는 등 다른 행동을 보이면서 얼굴을 때리는 행동을 보였다. BB가 하는 행동을 약 2분 동안 제지했는데, 이때도 마찬가지로 얼굴을 때리는 행동이 지속되었다. 마지막으로 어머니가 다른 설문지를 하는 5분 동안 BB의 자해행동이 지속되어 관찰자가 BB 뒤에서 상호작용 없이 얼굴을 때리려고 하는 손을 막기만 했는데, 5분 동안 165회 때리는 행동을 하면서 관찰자의 손을 잡으려고 지속적으로 시도했다. 때리는 강도가 높아지자 안전상의 이유로 관찰을 중단했다.

5) 심리평가 도구

① 아동용 행동평가 척도
② 우울척도
③ 한국판 적응행동검사
④ 대처방식 척도
⑤ 지각된 사회지지에 대한 다면적 척도
⑥ 부모 효능감 척도
⑦ 행동 상황 테스트
⑧ 아동 섭취행동 검사
⑨ 부모의 식사 중 행동평가 척도
⑩ 아동 섭취행동 질문지
⑪ 아동 섭식행동 질문지

6) 심리평가 결과

별도의 해석지 첨부

7) 평가 도구

① 섭식초기 평가
② 한국판 적응행동검사(K-SIB-R)
③ 기능평가인터뷰(Functional Assessment Interview)
④ 행동기능척도(The Questions about Behavioral Function Scale; QABF)

(1) 섭식초기평가지

BB가 처음 섭식 거부를 보인 것은 2009년 11월 29일로 변비로 인해 변을 보지 못한 상태로 섭식을 거부했으며, 병원에서 관장 후 다시 먹기 시작했다고 한다. 2010년 1월까지만 해도 어린이집에서 식사를 잘 하다가 어린이집에서 점심시간에 식당으로 옮긴 이후로 점심을 3주 동안 거부하고 저녁 때 집에서 폭식을 했다고 한다. 한동안 어머니가 도시락을 싸서 원래 먹던 어린이집에서 먹을 때는 괜찮다가 다시 식당에 가면서부터 모든 음식을 거부하기 시작했고, 병원에 입원하게 되었다. 2010년 1월 29일부터 2~3일에 한 번씩 음식을 거부하여 2월 10일 병원에 2주 동안 입원하였으며, 입원 당시 필요한 영양을 주사로 공급받았다. 병원에서는 물 한 모금도 마시지 않았고, 퇴원한 후 집에서 조금씩 다시 먹기 시작했다고 한다.

BB가 의뢰되었을 당시 3주째 한 끼도 섭취하지 않은 것에 비해 인터뷰를 진행할 당시는 세 끼를 모두 잘 먹고 있었다. 현재 얼굴을 때리는 행동 때문에 할아버지가 두 손을 잡은 상태로 어머니가 음식을 먹여주고 있다. 고형식 음식이나 음료 등을 마시는 데는 아무런 문제가 없다고 한다. 식욕은 좋은 편이나 고기 종류만 좋아하여 숟가락 뒷부분에 좋아하는 반찬을 놓아야 밥이나 야채 등 숟가락 앞부분에 있는 음식을 먹는다고 한다. 현재 식사하는 데 30~60분 정도 소요되며, 구역질이나 기침 등의 다른 문제행동은 나타나지 않는다. 음식을 거부할 때는 손을 뿌리치거나 고개를 돌리는 등의 행동만 보인다고 한다.

퇴원한 이후에도 집에서 요양을 하다가 진료를 받으러 병원에 다녀온 후로는 또 2~3일을 먹지 않는 것을 반복하여 되도록이면 바깥 출입을 자제하는 중이라고 보고하였다.

(2) 한국판 적응행동검사 K-SIB-R

한국판 적응행동검사 결과표

점수의 유형/해석	적응 행동	운동기술	사회적 상호작용 및 의사소통 기술	개인생활 기술	지역사회 생활기술
백분위	94	100	94	90	97
등가연령	3-7	4-1	3-8	3-5	3-10
비교습득지수	88	90	88	87	89
연령 수준 과제에 대한 평가	연령에 맞는	연령에 맞는	연령에 맞는	연령에 맞는	연령에 맞는

※한국판 적응행동 검사(저자: Robert Bruininks 1996)는 정신지체 및 발달장애 학생들의 사회적응 기술 정도를 측정하여 일반 아동의 기준에서 볼 때 어느 수준에 있는가를 확인할 수 있도록 해준다. 검사대상 아동의 보호자 또는 부모가 체크리스트 형식의 검사지에 기입하거나 검사자의 질문에 응답하는 방식으로 검사가 진행되며 다음과 같은 항목으로 구성되어 있다.

- 전반적 독립에 필요한 기술
  - -운동기술(대근육 운동, 소근육 운동)
  - -사회적 상호작용 및 의사소통 기술(사회적 상호작용, 언어이해, 언어표현)

-개인생활기술(식사와 음식준비, 신변처리, 옷 입기, 개인위생, 가사적응행동)
-지역사회 생활기술(시간 이해 및 엄수, 경제생활, 작업기술, 이동기술)

* 백분위: 같은 연령대 집단에서의 상대적인 위치(수치: 0.1~99.9)
* 등가연령: 현재 아동이 보이는 수행 수준에 맞는 나이
* 비교습득지수: 동일 연령의 아동이 90% 이상 스스로 할 수 있는 일을 현 아동이 하는 정도
* 연령 수준 과제에 대한 평가: 연령에 맞는 과제를 할 때 아동의 수행 수준

BB는 생활연령이 3세 11개월이며, 적응행동검사 실시 결과 적응연령이 3세 7개월로 연령에 맞는 발달을 하고 있는 것으로 나타났습니다.

8) 기능행동평가 결과

(1) 기능평가인터뷰(Functional Assessment Interview)

※기능평가인터뷰(저자: O'Neil et al. 1997)는 문제행동 빈도, 정도, 일어나는 시기, 결과, 의사소통 방식, 신체적 상태 등을 측정하는 설문으로 다음과 같은 항목으로 구성되어 있다.

- 문제가 되는 행동의 빈도, 정도, 시간, 강도(2문항)
- 문제행동을 일으키는 환경적인 사건(7문항)
- 문제행동을 일으키는 선행사건(7문항)
- 문제행동은 유지시키는 결과, 효율성, 대처행동, 의사소통 방법, 기존 치료 효과(각 1문항)
- 행동의 기능적인 상관을 보는 표 작성

각 문항은 개방형 질문으로 검사 대상의 보호자 또는 부모의 보고에 의한 내용을 검사자가 작성하는 방식으로 이루어진다.

BB가 얼굴의 광대뼈나 관자놀이 부분을 때리는 행동은 18개월부터 머리를 소파나 바닥에 박는 행동과 번갈아 나타나기 시작했다. 섭식 거부로 인해 2주간 병원에 입원한 후 집에 돌아오면서 때리는 행동의 빈도와 강도가 세진 상태였으며, 손을 잡고 있지 않으면 안 될

정도인 상태가 인터뷰 당시 일주일 정도 유지되고 있었다. 이 행동은 주로 원하는 것이 이루어지지 않을 때나 화가 날 때 의사를 표현하는 방법으로 나타났다고 하며, 현재는 앞과 같은 상황에서 더욱 빈번하게 나타나는 행동이라고 보고했다. 이런 행동이 일어나기 직전에 있었던 선행사건과 그 결과 주위의 반응에 대해 어머니가 작성한 것에 따르면 소변을 보자고 하거나 걸어보자는 지시를 할 때와 장난감을 제시할 때 얼굴을 때리는 행동이 나타났으며, 그 결과 BB가 하기 싫은 것을 하지 않는다거나 시간을 연기할 수 있었다. 또한 퇴원 후 2주가량 지속적으로 때리는 행동이 나타났을 때 어머니가 항상 손을 잡고 있고 혹 놓쳐서 얼굴을 때리면 아프다는 말과 함께 얼굴을 만져주었다고 한다. BB가 너무 심하게 울면서 얼굴뿐 아니라 몸을 때리는 행동이 같이 나타날 경우에는 이불이나 어머니의 몸으로 BB를 지긋이 눌러주면서 진정시켰다고 한다.

인터뷰를 진행한 일주일 후 BB 관찰을 위해 치료실을 방문했을 때 어머니 보고로는 얼굴을 때리는 빈도가 많이 준 상태였다고 한다. 어머니가 일주일 동안 BB가 얼굴을 때리는 행동 직전의 사건과 그 결과를 작성해 오셨다. 전혀 걸으려 하지 않았던 BB를 걸어가게 한 후에 좋아하는 음식으로 보상을 한다거나, 기다려야 할 때 얼굴 때리는 행동이 나타나도 기다려야 한다고 설명했다고 한다. 또한 소변을 보라는 요구를 했을 때 "아이야~"라는 소리를 내서 싫은 표현을 하여 원하는 대로 들어주었으며, 원하는 반찬이 아닐 경우에 고개를 흔들어 표현을 했다고 한다.

BB가 소변을 참거나 실수를 하는 문제가 여러 번 발생하였다고 한다. BB는 어린이집에 다니기 시작한 2009년 4월부터 배변훈련을 실시하였고 한 달 동안 소변훈련을 완료했으며, 대변도 변의를 표시하는 등 별 어려움이 없었다고 한다. 그러던 중 7월에 1박 2일로 캠프를 다녀온 후로 마려운 모습을 보이지만 계속 참았으며, 결국 바지에 실수를 하는 등의 문제를 보였다. 어머니가 화장실에서 물을 틀어주고 소변을 유도했으며 성공했을 때 크게 칭찬하는 등의 대처로 일주일 만에 바지 앞부분을 만지는 등의 변의를 표하고 화장실 가는 데 문제가 없었다고 한다. 그런데 다시 병원에 입원할 때부터 다시 실수를 시작해서 현재까지 기저귀를 착용하고 있으며, 어머니가 2~3시간마다 한 번씩 소변 통을 대 보지만 5회 중 1~2회 정도만 소변을 한다고 하며, 서 있는 자체를 힘들어 한다고 한다.

(2) 행동기능척도(QABF)

> ※QABF(저자: Matson & Vollmer 1995)는 가장 빈번히 문제행동을 유지시키는 환경적 요인을 측정하는 설문이며, 다음과 같은 항목으로 구성되어 있다. 각 항목별 5개씩, 총 25문항이며 4점 척도이다.
>
> - 관심: 주변 사람들의 관심을 얻기 위해 문제행동을 한다.
> - 과제 회피: 어떠한 과제나 활동을 하기 싫어서 회피하려고 문제행동을 한다.
> - 자기자극: 스스로 감각 자극을 얻기 위해 문제행동을 한다.
> - 신체적 상태: 신체적으로 고통을 느끼거나, 그것을 표현하기 위해 문제행동을 한다.
> - 요구: 원하는 것을 얻기 위해 문제행동을 한다.
>
> 각 유형별 점수 분포는 0~15점이며, 5개의 유형 중 점수가 높은 것일수록 문제행동의 원인일 가능성이 크다.

BB가 얼굴을 때리는 행동은 18개월 때부터 나타나는 행동이나, 섭식 거부로 인해 병원에 입원한 후 퇴원하면서 그 강도와 빈도가 폭발적으로 늘어난 것을 알 수 있었다. 행동의 기능 척도를 측정하기에 전과 후가 다르다는 어머니의 보고에 따라 입원 전의 행동과 퇴원 후의 행동으로 나누어 측정하기로 했다.

① **대상행동: 주먹으로 얼굴이나 머리를 때리는 행동**(입원 전)

BB의 어머니는 같은 행동을 심해지기 전과 현재의 두 상황으로 행동기능척도를 작성하였다. 평가 결과, 병원에 입원하기 전 상황에서 얼굴을 때리는 행동은 관심을 얻기 위해서, 과제를 피하기 위해 나타날 가능성이 가장 높은 것으로 나타났다.

행동기능유형	관 심	과제 회피	자기 자극	신체적 상태	요 구
점 수	7	6	0	1	0

② **대상행동: 주먹으로 얼굴이나 머리를 때리는 행동**(퇴원 후)

병원에 퇴원한 후 상황에서 얼굴을 때리는 행동은 복합적인 원인일 가능성이 있으나 현재 BB의 행동빈도가 매우 높은 상황이라 그 원인이 뚜렷이 나타나지 않을 수도 있기 때문에 더 심층적인 관찰이 필요하다.

행동기능유형	관 심	과제 회피	자기 자극	신체적 상태	요구
점 수	9	9	9	9	1

행동기능 척도는 부모님의 보고로만 이루어진 것이므로 문제행동을 유지하는 원인을 정확히 밝히기 위해서는 좀 더 구체적인 평가가 필요하다.

9) 어머니 인터뷰

BB는 소리 나는 장난감이나 장난감 자동차 타기와 그네타기를 좋아하며 공원에서 산책하는 것도 좋아한다고 한다. 현재는 집에서 할

아버지, 할머니, 어머니와 함께 시간을 보내고 있으며, 주로 장난감을 갖고 놀거나 책을 보고, 차를 타고 드라이브를 한다.

BB는 예전에 주로 엄마라는 말로 의사표현을 했고, 이끌기나 가리키기, 접근하기 등의 행동으로도 의사표현을 하며, 현재는 대부분 자해행동으로 표현을 하거나 최근에 '이~히, 아우~ 아야~' 같은 소리를 낼 때에는 밥을 먹고 싶다는 표현인 것으로 보고하였다.

10) 기능행동평가 요약

BB는 섭식 거부와 얼굴을 때리는 행동, 소변을 참거나 실수하는 것으로 본 평가를 실시했다. 섭식을 거부하는 행동은 급식을 하는 식당이 바뀌면서 시작된 행동으로 의뢰되었을 당시 한 끼도 먹지 않은 것에 비해 인터뷰가 진행될 때에는 하루 세 끼 정도를 먹는 것으로 호전되었다. 또한 섭식행동평가(CEBI) 결과 정상범위의 수준이 나타난 것을 확인할 수 있었다. 그러나 앞으로 어린이집에서 다시 급식을 시작하면 같은 일이 반복될 수 있기 때문에 집에서 섭식에 대한 규칙적인 습관을 기르고 어린이집으로 천천히 일반화시켜 나가는 것이 필요하다.

BB가 얼굴을 때리는 행동은 섭식거부로 병원에 2주간 입원하고 퇴원한 후 더 심해진 행동으로 현재는 옆에서 잡아주지 않으면 지속적으로 때리는 행동이 나타나는 것을 알 수 있다. 이런 행동에 대한 어머니의 보고로는 BB가 원하는 대로 이루어지지 않거나 화가 날 때, BB에게 걸으라는 등의 지시를 할 때 주로 의사표현으로 나타나는 것을 알 수 있었다. 행동기능척도를 행동이 폭발적으로 일어나기 전과 후로 나누어 작성하였는데, 현재는 너무 많이 나타나는 행동이라 그 기능이 뚜렷하게 나타나지 않았고, 예전 상태에서는 관심을 얻기 위해서나 과제를 회피하기 위해 나타난 행동이라는 결과가 나타났다. 30분 동안 BB를 관찰했을 때, BB는 원하는 장난감이 아니거나 지시가 있을 때에 순응하지 않으며 때리는 행동을 했다. 이런 행동을 할 때 어머니가 BB의 손을 잡거나 때린 곳을 쓰다듬거나 말하는 등의 관심을 보였으며 어머니가 옆에서 손을 잡아주지 않을 때 더 많이 나타나는 것을 알 수 있었다. 어머니가 보고한 내용과 관찰한 결과로는 BB의 얼굴 때리는 행동은 원하는 것을 요구하는 의사표현이나 관심을 지속적으로 얻기 위해 과제를 피하려고 나타나는 행동이나, 더 정확한 치료책이 나오기까지 원인에 대한 구체적인 관찰과 평가가 필요하다.

아동 섭취행동 검사(K-CEBI)와 부모의 식사 중 행동평가 척도(PMAS), 아동 섭취행동 질문지(CEBQ), 아동 섭식행동 질문지(CFQ)를 실시한 결과, 부모님은 아동의 문제가 다른 아동과 비슷한 수준이며, 전반적인 음식 섭취에 대해 또래 아동과 비슷한 수준의 걱정을 보고하였다. 또한 아동의 음식에 대한 접근행동과 음식에 대한 회피도 또래보다 낮다고 보고하였으며, 단지 편식과 소량의 음식 섭취가 문제가 된다고 보고한다. 이는 부모가 주된 문제로 호소했던 문제가 섭식문제였던 점, 그리고 아동의 직접 관찰 시 극심한 문제행동이 관찰되었던 점등을 고려할 때, 부모님의 섭식문제에 대한 문제 축소와 문제 자체에 대한 부정으로 판단된다. 따라서 아동의 섭식문제에 대한 정확한 인식과 수용에 초점을 맞춰 부모 교육을 진행하는 것이 절대적으로 필요해 보인다.

BB는 적응연령이 3세 7개월로 소변을 가릴 수 있는 나이이며, 소변을 참게 된 것도 캠프를 다녀온 후로 BB에게 적응하기 어려운 환경의 변화에 의한 것일 수 있어서 지속적인 배변훈련과 더불어 새로운 환경에 적응하기 위한 방법을 학습해야 할 것이다.

11) 권고

① 주 1회 발달장애아동 부모교육을 권합니다.

부모교육은 부모님이 치료실에서 BB를 직접 가르치는 방법을 배우고 집에서 바로 적용할 수 있도록 고안된 적극적인 부모 참여 프로그램입니다. BB의 경우 문제행동의 발생 빈도나 강도가 인터뷰를 진행하는 동안에도 많이 달라진 것을 알 수 있습니다. 또한 BB가 환경의 변화에 따른 영향을 많이 받기 때문에 BB의 행동을 다루는 어머니의 구체적인 기술습득이 필요합니다. 또한 문제행동에 대한 대처방법과 양육방식을 일관적이고 적절하게 지속하셔야 합니다. 섭식거부와 자해행동은 BB의 건강에 직접적으로 연관된 문제이고, 작은 변화로도 행동의 양상이 변할 수 있기 때문에 전문가의 조언이나 감독이 반드시 필요합니다. 교육은 치료 대기 기간에 일주일에 1회 집단으로 행동치료의 이론과 함께 집에서 실습할 수 있는 교육을 받으실 수 있습니다.

② 문제행동에 대한 보다 체계적인 행동관찰이 필요합니다.

본 인터뷰는 아동을 직접 평가한 것이 아니라 어머니의 보고에 의해서 실시된 평가이므로 정확하지 않을 가능성이 있습니다. 실질적으로 문제행동의 기능을 파악하기 위해서는 본 치료실에서 개별치료 시작 시 실시하는 '기능행동분석'을 받는 것이 좋습니다. 그러나 인터뷰를 진행하는 동안에도 BB의 행동빈도나 강도가 달라지고 있기 때문에 전문적인 평가 전에 가정에서 ABC관찰('사건 - 행동 - 결과'의 기록, 〈표 3-1〉)을 지속적으로 기록하시는 것이 문제의 원인을 파악하여 대처하는 데 큰 도움이 될 수 있습니다.

BB의 문제행동의 원인 파악과 그 치료책을 세우는 데에 가정에서 BB와 가장 오랜 시간 함께 지내시는 어머니의 세심한 관찰이 반드시 필요합니다. 행동이 나올 때마다 직전에 어떤 상황이었는지, 어머니나 주변 사람들이 어떤 반응을 보였는지를 기록하면 BB의 행동이 어

〈표 3-1〉 ABC 행동 관찰표: 자해행동

<table>
<tr><th>날짜</th><th>시간</th><th>선행사건
(환경, 상황)</th><th colspan="5">문제행동정도
(1: 아주 약함, 2: 조금 약함
3: 보통, 4: 조금 심함, 5: 아주 심함)</th><th>결과
(행동 후 엄마가
BB에게 한 일)</th></tr>
<tr><td rowspan="2"></td><td rowspan="2"></td><td rowspan="2"></td><td colspan="5">행동:</td><td rowspan="2"></td></tr>
<tr><td>1</td><td>2</td><td>3</td><td>4</td><td>5</td></tr>
<tr><td rowspan="2"></td><td rowspan="2"></td><td rowspan="2"></td><td colspan="5">행동:</td><td rowspan="2"></td></tr>
<tr><td>1</td><td>2</td><td>3</td><td>4</td><td>5</td></tr>
<tr><td rowspan="2"></td><td rowspan="2"></td><td rowspan="2"></td><td colspan="5">행동:</td><td rowspan="2"></td></tr>
<tr><td>1</td><td>2</td><td>3</td><td>4</td><td>5</td></tr>
<tr><td rowspan="2"></td><td rowspan="2"></td><td rowspan="2"></td><td colspan="5">행동:</td><td rowspan="2"></td></tr>
<tr><td>1</td><td>2</td><td>3</td><td>4</td><td>5</td></tr>
<tr><td rowspan="2"></td><td rowspan="2"></td><td rowspan="2"></td><td colspan="5">행동:</td><td rowspan="2"></td></tr>
<tr><td>1</td><td>2</td><td>3</td><td>4</td><td>5</td></tr>
<tr><td rowspan="2"></td><td rowspan="2"></td><td rowspan="2"></td><td colspan="5">행동:</td><td rowspan="2"></td></tr>
<tr><td>1</td><td>2</td><td>3</td><td>4</td><td>5</td></tr>
<tr><td rowspan="2"></td><td rowspan="2"></td><td rowspan="2"></td><td colspan="5">행동:</td><td rowspan="2"></td></tr>
<tr><td>1</td><td>2</td><td>3</td><td>4</td><td>5</td></tr>
<tr><td rowspan="2"></td><td rowspan="2"></td><td rowspan="2"></td><td colspan="5">행동:</td><td rowspan="2"></td></tr>
<tr><td>1</td><td>2</td><td>3</td><td>4</td><td>5</td></tr>
<tr><td rowspan="2"></td><td rowspan="2"></td><td rowspan="2"></td><td colspan="5">행동:</td><td rowspan="2"></td></tr>
<tr><td>1</td><td>2</td><td>3</td><td>4</td><td>5</td></tr>
<tr><td rowspan="2"></td><td rowspan="2"></td><td rowspan="2"></td><td colspan="5">행동:</td><td rowspan="2"></td></tr>
<tr><td>1</td><td>2</td><td>3</td><td>4</td><td>5</td></tr>
</table>

떤 환경적인 원인에 의해 나타나는 것인지 알 수 있습니다. 뒤에 첨부된 기록지에 다음의 예를 참고하여 관찰한 것을 기록해주시기 바랍니다.

날짜	시간	선행사건 (환경, 상황)	문제행동	결과 (행동 후 주변사람의 반응)
03.23	오전 8시	싫어하는 반찬을 먹으라고 한다.	BB가 주먹으로 얼굴을 때린다.	"아 이 반찬이 싫구나"라고 대답하며 다른 반찬을 준다.

※ 다음의 권고사항들은 어머니의 보고, BB에 대한 직접적인 행동 관찰 및 설문 결과만을 토대로 작성한 것이므로 가정에서의 ABC 관찰 등을 통해 구체적인 실행 내용을 수정, 보완하실 수 있습니다.

③ 섭식문제

BB가 현재는 세 끼를 모두 잘 먹고 있지만, 다시 거부하는 문제가 발생할 수 있습니다. 따라서 섭식에 관한 상담이나 다음과 같은 권고사항을 부모교육을 진행하면서 전문가의 조언과 함께 실습해 보셔야 합니다.

㉠ 일정 시간 동안 일정한 장소에서 정해진 양을 먹도록 합니다.

BB가 퇴원 후 좋아하는 반찬을 더 먹으려는 행동이 있기 때문에 식사시간을 규칙적으로 지켜주시고, 먹어야 할 양을 확인할 수 있도록 하십시오. 더 먹으려고 할 때 BB가 두 숟가락을 더 먹을 수 있고, 정해진 양만 다 먹으면 더 맛있는 후식을 먹을 수 있다고 미리 말해 주시기 바랍니다.

㉡ BB의 섭식 습관을 어린이집에서 식당으로 점차 일반화시킵니다.

- 당분간은 원래 먹던 곳에서 먹기 시작하며, BB가 급식을 하게 될 식당에서는 BB가 좋아하는 활동이나 익숙한 장난감을 가지고 놀게 하여 그 환경에 익숙해 질 수 있도록 합니다.
- BB가 식당에서 울거나 불안해하지 않고 놀 수 있을 때가 되면 BB가 좋아하는 음료수나 마들렌 빵을 먹는 것부터 시작하여 점차로 음식을 먹는 연습을 실시합니다.
- 식당에서 음식을 먹는 데 어려움이 없다면, 밥이나 도시락 먹는 것을 시도하며 처음에는 한 숟가락이나 아주 적은 양부터 시작하여 잘 먹었을 때 크게 칭찬해 주십시오. BB가 먹는 상태에 따라 그 양을 점차로 늘려 나가는 것입니다.

㉢ BB의 편식을 줄이기 위해 좋아하는 반찬을 숟가락 위에 놓고 다른 음식을 먹게 하는 방법은 그대로 사용하셔도 좋습니다.

- 처음에는 좋아하는 반찬을 한 숟가락 안에도 비율을 크게 주시며, 점차 다른 음식의 양이 더 많아지게 하는 점진적인 방법이 좋습니다.
- 또한 좋아하지 않는 음식을 밥풀 한 알 정도의 크기로 먹으면 좋아하는 음식을 먹을 수 있게 하는 '할머니 법칙'을 사용하실 수 있습니다. 이때 중요한 것은 좋아하는 음식과 좋아하지 않는 음식의 비율을 적절하게 조절해야 하며, 처음에 여러 번 반복하여 그 인과관계를 알 수 있도록 하십시오.

※ 섭식에 관련된 추천 도서입니다.

『잘 안 먹는 우리 아이 다루기』 윌리엄스 폭스 지음 / 정경미, 이승아 번역 / 시그마 프레스

④ 자해행동

㉠ 관심을 받으려고 이 행동을 하는 경우

◆ 자해/공격을 통해 관심을 받으려고 할 때에는 그 행동에 관심을 주지 않습니다.

㉮ BB가 평소에도 관심을 많이 받는 편이기는 하지만, 문제행동을 함으로써 훨씬 더 큰 관심을 받을 수가 있습니다. 평소에 잘 했을 때에는 크게 칭찬을 해 주시되, 문제행동이 나타났을 경우에는 그 행동에 관한 말을 하거나 눈맞춤을 하거나 체벌을 하지 않으시는 것이 좋습니다. 꾸짖거나 잔소리를 하는 것도 BB는 주변 사람들의 관심이라고 받아들일 수 있기 때문에 반응을 크게 보이지 않는 것이 중요합니다. 대신 BB가 작은 일이라도 잘 했을 경우에 더 칭찬하시고, 문제행동을 보이기 전에 BB만을 위해 관심을 주는 일정한 시간을 갖는 것도 좋습니다.

㉯ 만약 관심을 주지 않는 과정에서 자해행동을 심하게 할 때는 안전을 위해 위험한 행동을 막아야 하지만, 이때에도 단지 막기만 할 뿐 말을 하거나, 손잡기, 눈맞춤, 표정반응 등으로 관심을 보이지 않습니다.

㉡ 과제를 피하거나 지시에 따르기 싫어서 나타나는 행동일 경우

◆ 지시 따르기를 가르칩니다.

㉮ BB가 보이는 문제행동이 지시에 따르기가 싫거나 과제를 회피하기 위해서라면 간단한 지시 따르기를 하십시오. 우선, "이리와, 의자에 앉아. 통에 넣어. 주세요"와 같은 따르기 쉬운 지시에 잘 따랐을 때 크게 칭찬해주시는 것이 좋습니

다. 대신 지시는 간단하고 명확하게 한 가지만 하며, 어머니가 지시를 했다면 무슨 일이 있어도 BB가 따를 수 있도록 하는 것이 중요합니다.

㉯ 이 과정에서 BB가 자해행동을 하더라도 어머니가 하라고 한 지시는 꼭 따르도록 합니다.

ⓒ 원하는 것을 얻으려고 이 행동을 한다고 생각되는 경우

◆ 적절한 의사소통 방법을 가르칩니다.

BB의 자해행동이 자기가 요구하고 원하는 것을 얻기 위한 것으로 판단될 때, BB가 적절한 표현 방법으로 자신이 원하는 것을 얻도록 합니다.

㉮ 자해행동을 심하게 할 때 위험한 행동을 막는 행동 이외에 **어떠한 말이나 눈맞춤, 표정반응** 등으로 관심을 보이지 않습니다.

㉯ 자해/공격행동으로 표현할 때는 원하는 것을 얻을 수 없어야 합니다. 그러므로 공격행동을 한 직후에는 절대로 원하는 것을 주지 않습니다(예: 과자).

㉰ 대신 평소에 원하는 것을 얻을 수 있는 **적절한 표현방법**을 가르칩니다.

그 밖에 화를 내거나 떼쓰기를 할 때에는 위에서 언급한 대로 언어적인 관심을 주지 마시고 원래 하시던 대로 지그시 누르거나 다치지 않도록 막아 주시기 바랍니다. 문제행동이 폭발적으로 발생할 경우 보호장구를 했거나 대처방법이 강구된 치료현장이 아닌 상황에서 개입이 될 대 심각한 문제가 발생할 수 있기 때문에 다른 방법을 사

용하시는 것에 주의하셔야 합니다.

⑤ **대체의사소통 가르치기**

㉠ BB가 원하는 것을 표현할 수 있도록 몇 가지 신호나 카드로 의사소통 방법을 가르치는 것이 좋습니다.

예를 들어, 기분이 나쁘다거나 과자를 먹고 싶다거나 하는 표현을 말로 하는 것도 좋지만 카드나 손 신호와 함께 표시할 수 있으면 문제행동을 하는 것 대신 적절한 표현을 할 수 있도록 하는 것이 좋습니다. **이러한 의사소통 훈련은 전문가의 도움을 받는 것이 바람직합니다.**

㉡ BB가 의사표현을 할 수 있는 방법을 **동시다발적으로 경험하게 하는 것이 언어적인 측면에만 제한하는 것보다 효과적으로 표현할 수 있는 연습이 될 수 있습니다.** 예를 들어, PECS(Picture Exchange Communication System)나, 소리가 나는 의사소통기구를 이용하여 그림과 사물, 행동, 소리를 짝지어서 연습하는 방법이나 다양한 의사소통 기구들을 이용하여 실생활에 적용할 수 있도록 상의해 보시는 것을 권고해 드립니다.

⑥ **소변훈련**

BB는 소변훈련을 성공적으로 했었으며, 적응연령도 배변훈련을 할 수 있는 나이이기 때문에 배변훈련에 관한 기본적인 수칙을 적용하여 유지하는 것이 필요합니다.

㉠ BB가 소변을 보는 시간을 관찰하여 그 시간보다 조금 먼저 화장실을 가게 하거나 소변 통을 사용할 수 있도록 합니다(일반적으로 30분~1시간 간격이 좋습니다).

ⓛ 현재 BB가 이동하는 것이나 신체적인 움직임이 힘들다고 하면, 손에 닿을 곳에서 소변 통을 사용하여 성공했을 때 크게 칭찬해 주시며, 될 수 있으면 BB가 본 소변을 변기에 버리는 것을 BB가 직접 할 수 있도록 합니다. 또한 소변 통에 소변을 보는 위치를 점차 화장실 쪽으로 이동하여 변기에 소변을 볼 수 있도록 유도해 주시기 바랍니다.

ⓒ BB가 소변을 규칙적으로 볼 수 있을 때에도 실수를 하면, 꾸짖거나 다그치지 마시고 조용히 BB가 속옷을 빨 수 있도록 거들어 주시는 것도 좋습니다.

⑦ BB와 접하는 모든 사람들이 지속적이고 일관적으로 행동하셔야 합니다.

BB가 보이는 행동문제는 어릴 때부터 몸에 배어 있는 것이기 때문에 행동이 변화하는 데 긴 시간이 필요합니다. 작은 변화로부터 순차적이고 지속적으로 이루어질 수 있도록 BB를 보살피는 모든 보호자(부모님, 할머니, 할아버지, 치료시간 선생님, 어린이집 선생님 등)가 일상생활에서 일관되게 적용하여야 합니다.

서울○○○○○병원

심리검사 결과 해석지

이 름: B B B	생 년 월 일: 20**. **. **
평 가 일: 20**. **. **	작 성 자: CCC, DDD

12) 시행 검사

유아용 행동평가 척도, 아동 섭취행동 검사, 부모의 식사 중 행동평가 척도, 아동 섭취행동 질문지, 아동 섭식행동 질문지, 부모 양육 스트레스 검사, 대처방식 척도, 지각된 사회지지에 대한 다면적 척도, 부모 효능감 척도, 행동 상황 테스트, BECK 우울 척도.

13) 검사결과 요약

(1) 아동

BBB 아동은 또래 집단에 비하여 보이는 문제행동의 심각도가 높습니다. 아동은 정서적으로 매우 위축되어 있고 높은 수준의 우울이나 불안을 느끼며 정서적으로 높은 반응을 보이는 것으로 보입니다. 또한 짜증, 심한 감정 기복 및 공격성의 문제를 보이며 임상 수준의 수면문제가 나타나고 있습니다. 아동의 현재 섭식문제는 또래 아이와 비슷한 수준으로 정상이며, 부모님이 아동 섭식에 대한 책임감이 높은 것으로 판단됩니다.

(2) 부모님

부모님은 비슷한 또래의 아동을 둔 다른 부모님들에 비해 심각한 양육 스트레스를 경험하는 것으로 보고되었습니다. 부모님의 양육 스트레스는 아동의 까다로운 문제, 상호 작용에서의 역기능적 사고 및 부모로서의 고통 등 모든 분야에 걸쳐 보고되었습니다. 반면, 부모님의 사회적 지지 수준은 평균보다 높아 사회적 문제 대처에 대해 강한 심리적 지지를 받고 있습니다. 또한 문제에 대처하는 데 적극적인 대처 방식을 많이 활용하시며 바람직한 양상을 보이십니다. 하지만 부모로서의 효능감은 낮아 아동을 다루는 데 스트레스를 경험하실 것으로 예상됩니다. 또한 아동의 어머니는 평균보다 다소 높은 수준의 우울감을 보고하셨습니다.

14) 권고사항

부모님의 높은 스트레스는 아동의 증상과 낮은 부모 효능감 등에 기인하나 강한 사회적 지지, 적극적인 대처 방식 및 효과적인 정서 조절로 극복될 수 있습니다. 좀 더 적극적인 방식으로 스트레스에 대처하시고, 스트레스 상황을 재해석하여 감정을 조절하는 방식을 사용하시며 가족들로부터 심리적 위안을 얻을 수 있도록 관계를 좀 더 도모하시는 노력을 기울이시는 것을 권고 드립니다. 이와 관련하여 전문가와의 상담을 권유 드립니다.

(1) 아동용

① 유아용 행동평가 척도(K-CBCL)

검사소개

이 검사는 Achenbach(1991)가 제작한 Child Behavior Checklist를 번역하여 표준화한 것으로 만 1.5~5세 영유아를 대상으로 그 부모가 아동의 사회적 적응 및 문제행동을 설문형식으로 평가하는 도구입니다. 검사는 정서적 반응성, 우울 및 불안, 신체적 불편, 위축을 나타내는 내재화 척도와 주의집중 문제, 공격성 등의 외현화 척도 등으로 구성되어 있어 정서행동문제뿐만 아니라 영유아의 적응능력의 평가도 병행하고 있습니다.

검사결과

<table>
<tr><th colspan="7">문제행동증후군척도</th></tr>
<tr><th colspan="4">내재화 척도</th><th colspan="2">외현화 척도</th><th rowspan="2">수면문제</th></tr>
<tr><th>위 축</th><th>신체적 불편</th><th>우울/불안</th><th>정서적 반응</th><th>주의집중 문제</th><th>공격성</th></tr>
<tr><td>98</td><td>96</td><td>97</td><td>95</td><td>54</td><td>78</td><td rowspan="2">64</td></tr>
<tr><td colspan="4">내재화 총점: 98</td><td colspan="2">외재화 총점: 72</td></tr>
<tr><td colspan="7">총 문제행동: 96</td></tr>
</table>

결과해석

부모님의 보고에 따르면, BBB의 총 문제행동 점수는 96점으로 또래 집단에 비하여 보이는 문제행동의 정도나 양이 임상범위에 속합니다. 하위 척도 중 내재화 문제 점수의 총점은 98점으로 임상범위에 속하며, 비행/공격행동과 같이 외현화 문제의 총점은 72점으로 임상범위에 속하고 있습니다.

결과에 의하면, 전반적인 내재화된 문제의 총점이 또래와 비교하여 임상범위로 보고되었고, 위축, 신체적 불편, 우울/불안, 정서적 반응의 영역에서 임상범위 또는 임상적 경계에 속하는 점수를 보고하여, 또래보다 이 영역에서 어려움을 겪고 있는 것으로 보고되었습니다. 따라서 BBB는 숫기가 없고 다른 아이들보다 어리게 행동하거나 소극적으로 활동하는 위축증상에서 임상범위 수준의 문제행동을 보일 수 있습니다. BBB는 어지러움, 피곤, 배앓이, 구토, 두통 등과 같은 신체 증상에서 임상범위 수준의 문제행동을 보일 수 있습니다. BBB는 겁이 많고 부모와 떨어져 있기 불안해하거나 긴장, 슬픔 등의 우울과 불안 증상에 서 임상범위 수준의 문제행동을 보일 수 있습니다. BBB는 짜증을 내거나 감정 기복이 심하고 새로운 상황에서 심하게 불안해하는 증상에서 임상범위 수준의 문제행동을 보일 수 있습니다. 수면 영역에서 BBB의 점수는 64점으로 임상적 경계로 잠자리에 들기 어려워하거나 악몽, 수면 부족 등의 문제행동을 보일 수 있습니다.

부모님의 보고에 따른 전체적인 검사 결과를 종합하여 보아 문제행동에 대하여 적절한 도움을 주시는 것이 필요합니다. 특히 위축, 신체적 불편, 우울/불안, 정서적 반응, 수면문제와 같은 문제에 대해서 세심한 관찰이 필요하며 전문가의 도움을 받기를 권장합니다.

② 한국형 아동 섭취행동 검사(K-CEBI) 검사

검사소개

한국형 아동 섭취행동 검사는 Archer 등(1991)에 의해 개발된 척도를 김혜진, 정경미, 박미정(2008)이 국내 실정에 맞게 표준화한 검사로, 만 2세에서 12세까지의 아동의 음식 섭취 및 섭취행동을 파악하는 것을 목적으로 하고 있습니다. 총 27문항으로 이루어져 있으며, 아동의 전반적인 식사 문제, 식사 시 문제행동, 상차림 돕기, 금지식품 섭취에 대한 내용을 다루고 있으며, 아동의 식사 중 부모 스트레스 또한 측정하고 있습니다. 미취학 아동의 경우 76점 이상, 취학 아동의 경우 67점 이상일 때 경미한 수준의(임상적 경계 수준) 문제가 있는 것으로 판단됩니다. 한편 미취학 아동의 경우 90점, 취학 아동의 경우 79점 이상일 때 임상적으로 섭취에 문제가 있음을 의미합니다.

결과점수

	전반적 식사문제	식사 시 문제행동	상차림 돕기	금지식품 섭취	식사 중 부모스트레스	총 점
점 수	22	3	4	2	24	65

결과해석

BBB의 섭취행동검사 점수는 65점으로, 현재 아동의 전반적인 음식 섭취 및 섭취행동과 관련해 문제가 없는 것으로 보고되었습니다. 앞으로도 건강한 식사습관을 유지할 수 있도록 현재와 같은 방법으로 지도하시길 권합니다.

③ 한국형 부모의 식사 중 행동평가 척도(K-PMAS)

검사소개

한국형 부모의 식사 중 행동평가 척도는 Hendy, Williams, Camise, Eckman과 Hedemann(2008)에 의하여 개발된 평가 척도로, 부모가 사용하는 식사시간의 행동을 통해 아동의 식습관 및 체중 상태의 변동을 설명하기 위해 개발된 척도입니다. 만 1세에서 10세까지의 아동에게 사용되며, 본 척도에서 측정하는 7가지의 행동 중 어떠한 행동을 가장 많이 사용하는지 행동의 빈도에 따라 순위를 매기는 형식으로 채점됩니다. 본 척도에서 측정하는 부모의 식사 중 행동은 간식 제한(Snack Limit), 섭취 주장(Insistence on Eating). 과일 채소 섭취(Daily FV Availiable), 긍정적 설득(Postive Persuasion), 보상 사용(Use of Reward), 부모의 간식 섭취(Snack Modeling), 음식의 다양성(Many Food Choices), 저지방식(Fat Reduction) 그리고 특식 제공(Special Meals)의 9가지로 이루어져 있습니다.

결과점수

	간식 제한	긍정적 설득	과일 채소 섭취	보상 사용	섭취 주장	부모의 간식 섭취	특식 제공	저 지방식	음식의 다양성
점수	1.00	2.00	1.33	1.50	1.33	1.33	1.75	1.00	1.00

결과해석

BBB 부모님의 점수 결과, 아동과 식사 중 긍정적 설득, 특식 제공을 가장 많이 사용하는 것으로 보이며, 간식 제한, 저지방식, 음식의 다양성의 행동은 거의 보이지 않는 것으로 판단됩니다.

④ 한국형 아동 섭취행동질문지(K-CEBQ)

검사소개

아동 섭취 행동 질문지(Children's Eating Behavior Questionnaire; 이하 CFQ)는 부모가 평가하는 척도로 만 2세에서 9세까지의 아동들에게 사용되며 음식에 대한 반응(Food responsiveness), 음식에 대한 선호(Enjoyment of food), 음료 섭취(Desire to drink), 배부름에 대한 민감도(Satiety responsiveness), 식사 속도(Slowness in eating), 감정에 따른 섭취(Emotional undereating/overeating), 편식(Food Fussiness) 등을 평가합니다. 이 하위 요인들은 음식에 대한 접근, 음식에 대한 회피로 다시 나뉘어집니다. CEBQ에서 측정하는 위의 요인들은 기존 연구들을 통해 아동의 체중을 예측하는 데 유용한 것으로 알려져 있습니다.

결과점수

	음식에 대한 접근	음식에 대한 회피
점수	22	36

결과해석

BBB의 음식에 대한 접근 점수는 22점, 음식에 대한 회피 점수는 36점입니다. 아동은 음식에 대한 접근 행동과 회피행동 모두 평균보다 낮게 사용하고 있습니다.

⑤ 한국형 아동 섭식행동 질문지(K-CFQ)

검사소개

아동 섭식행동 질문지(Children Feeding Questionnaire; 이하 CFQ)는 아동의 섭식 문제에 대한 부모의 생각, 태도 그리고 섭식과 관련한 부모의 실제 행동과 아동의 체중 경향성을 함께 측정하는 척도로 만 2세에서 11세까지의 아동들에게 사용되며, 책임감 인지Perceived responsibility), 부모 체중 인지(Perceived parent weight), 아동 체중 인지(Perceived child weight), 아동 체중에 대한 걱정(Concern about child weight), 제한(Restriction), 섭식에 대한 압력(Pressure to eat), 모니터링(Monitoring) 등을 평가합니다. 총점이 높을수록 아동의 섭취문제에 대한 부모의 걱정이 심각함을 의미합니다.

결과점수

	책임감 인지	부모체중 인지	아동체중 인지	아동체중에 대한 걱정	제한	섭식에 대한 압력	모니터링	총점
점 수	14	11	9	3	26	15	9	87

결과해석

BBB 부모님의 섭식행동질문지 점수는 87점으로, 현재 아동의 전반적인 음식 섭식에 대한 걱정을 평균 정도 하고 있는 것으로 판단됩니다. 다만, 책임감 인지에 대한 점수가 평균보다 높아 아동에 대한 부모님의 책임감이 다른 부모님들에 비해 큰 것으로 보입니다.

(2) 부모용

① 부모 양육 스트레스 검사(Parenting Stress Index)

검사소개

이 검사는 Abidin이 제작한 Parenting Stress Index를 한국어로 번역한 것으로 1~12세 아동의 부모를 대상으로 부모의 양육스트레스와 역기능적인 양육과 관련된 아동, 부모, 상황적 특성을 평가하는 도구입니다. 검사는 크게 아동 영역과 부모 영역, 그리고 채점에는 포함되지 않는 생활스트레스 영역으로 구성되어 있습니다. 아동 영역에는 아동이 변화에 얼마나 잘 적응하는지를 보는 적응(AD)척도, 아동이 부모에게 얼마나 많은 것을 요구하는지를 보는 요구(DE)척도, 아동이 얼마나 지나치게 울고, 위축되어 있으며 우울한 기분인지를 보는 기분(MO)척도, 아동의 주의가 지나치게 산만하거나 아동이 지나치게 활동적인지를 보는 주의산만/과잉행동(DI)척도, 부모가 아이와의 상호작용에서 얼마나 긍정적인 정서를 갖게 되는지를 보는 보상(RE)척도, 아동이 부모의 기대수준에 맞는지를 보는 수용(AC)척도가 있습니다.
부모 영역으로는 부모의 성격 및 정신병리와 관련된 우울을 보는 우울(DP)척도와 부모가 양육자로서 느끼는 유능감(CO)척도, 부모가 아동과 정서적으로 얼마나 가깝게 느끼는지를 보는 애착(AT)척도, 부모역할에 대해 상대 배우자에게서 얼마나 정서적/신체적으로 지지 받고 있는지를 보는 배우자(SP)척도, 부모역할을 담당하는 데 얼마나 사회적 지지를 받고 있는지를 보는 고립(IS)척도와 양육에 요구되는 신체적 건강상태를 보는 건강(HE)척도, 부모의 개인적 자유와 기타 삶의 역할에 영향을 미치는 부모역할의 영향력을 재는 역할제한(RO)척도가 있습니다.
총점과 하위영역에서 백분위 점수 85점 이상은 임상적으로 유의미하며, 90점 이상일 경우 전문의의 도움이 필요합니다.

검사결과

총 스트레스 점수		
97점		
부모의 고통(PD)	역기능적 상호작용(P-CDI)	까다로운 아동(DC)
90점	90점	98점

결과해석

부모님의 전체 양육 스트레스 총점은 임상 수준인 97점, 부모의 고통 영역은 임상 수준인 90점, 역기능적 상호작용 영역은 임상 수준인 90점, 까다로운 아동 영역은 임상 수준인 98점으로 보고되었습니다. 아래에 제시된 해당 영역의 설명을 참고하셔서 양육 스트레스에 대해 보다 적극적으로 대처할 수 있도록 노력하실 것을 제안합니다.

부모님께서 보고하신 총 스트레스 점수는 97점으로, 비슷한 또래의 자녀를 둔 다른 부모님에 비해 매우 심각한 수준으로 양육과 관련된 어려움을 경험하고 계신 것으로 보입니다. 자녀 양육과 관련된 심리적 문제를 해결할 수 있도록 전문가의 도움을 받으실 것을 적극 권장합니다.

부모님께서는 부모의 고통 영역에서 평균보다 다소 높은 90점을 보고하셨습니다. 현재 부모님께서는 주변으로부터 충분한 지지를 얻지 못하고 계시고 양육 효능감도 매우 저하된 상태로 보입니다. 또한 우울감이나 배우자와의 관계 문제 등 양육 이외의 다른 문제들이 양육 스트레스의 원인이 되고 있는 것으로 해석됩니다.
부모님께서는 역기능적 상호작용 영역에서 평균보다 다소 높은 90점을 보고하였습니다. 현재 부모-자녀 관계 문제가 어느 한쪽의 문제라기보다는 부모-자녀 양쪽의 상호작용 패턴이 잘못되어 나타난 결과인 것으로 판단됩니다. 서로에 대한 긍정적인 기대와 반응을 보이기보다는 부정적인 감정을 전달하고 강요와 억지를 통해 의

사를 관철시키는 등, 상호작용 패턴의 문제가 자녀 양육을 더욱 어렵게 하고 있는 것으로 보입니다. 따라서 부모자녀 관계 개선을 위한 적극적인 노력이 필요하겠으며, 이러한 문제가 장기화될 경우 전문가의 도움을 받으실 것을 권장합니다.

부모님께서는 까다로운 아동 영역에서 평균보다 매우 높은 98점을 보고하셨습니다. 부모님께서는 아동이 기질적으로, 생리 조절 혹은 특정 행동 영역에서 다루기 힘들다고 느끼시거나, 반항적이라고 느끼고 계십니다. 이와 같은 문제가 장기화될 경우, 아동이 나타내는 특정 행동 문제와 관련하여 전문가의 도움을 받으실 것을 권장합니다.

② 대처방식척도(The Ways of Coping Checklist)

검사소개

이 검사는 Folkman과 Lazarus(1985)가 개발한 68개 문항의 대처방식척도를 김정희, 이장호(1985)가 요인분석을 거쳐서 만든 검사로, 스트레스 상황에서 어떠한 방식으로 대처하는지를 측정하는 도구입니다. 본 검사는 스트레스 대처를 크게 적극적 대처와 소극적 대처의 두 가지로 구분합니다. 적극적 대처에는 '이 문제를 어떻게 해결할 것인가'를 고민하여 문제 해결에 초점을 맞춘 방식과 '누가 지금의 나를 도와줄 수 있을 것인가'를 고민하여 사회적 지지를 통해 심리적인 힘을 얻는 방식이 있습니다. 소극적 대처에는 '지금의 슬픔 또는 노여움을 어떻게 누그러뜨릴 수 있을까'에 집중하여 자기감정을 풀어주는 방식 그리고 '지금 이 일이 일어나지 않았더라면 좋았겠다'와 같이 막연한 소망으로 회피하려는 방식이 있습니다.

검사결과

BBB의 부모님의 대처 방식은 적극적 대처 60점, 소극적 대처 31점입니다. BBB의 부모님은 스트레스 상황에 처했을 때, 적극적인 대처방식은 평균보다 많이, 소극적인 대처방식은 평균 수준으로 사용하는 것으로 평가됩니다. 앞으로도 적극적인 대처 방식을 활용하시어 스트레스 상황에 적절하게 대처해 나가시기 바랍니다.

③ 지각된 사회지지에 대한 다면적 척도

검사소개

본 검사는 Zimet 등(1988)이 개발한 지각된 사회지지에 대한 다면적 척도를 한국어로 번역한 것으로 가족, 친구, 그리고 주변의 기타 중요한 타인들에게 받는 사회적 지지의 정도를 평가하는 검사지입니다. 사회적 지지란 가족, 친구 등 다른 사람들과의 관계에 대한 만족도와 기대되는 도움의 정도, 이를 제공해주는 사람의 수를 포함하는 개념으로써, 심리적인 문제에 대해 공유할 수 있고 도움을 받을 수 있는 주변인이 많으면 스트레스 대처에 큰 도움이 될 수 있습니다.

검사결과

사회적 지지		
가 족	친 구	중요한 타인
27점	28점	28점

결과해석

BBB의 어머니가 지각하는 사회적 지지는 가족, 친구, 중요한 타인 모두 평균보다 높은 수준입니다. 앞으로도 지금처럼 주변 사람들과의 관계를 도모하셔서 심리적 지지 체계를 유지하시기 바랍니다.

④ 부모 효능감 척도

검사소개

이 검사는 Teti & Gelfand(1991)가 제작한 Maternal Efficacy Scale을 한국어로 번역한 것으로 부모님께서 아이 양육과 관련한 상황들에 얼마나 효율적으로 대처하실 수 있는지를 측정하는 척도입니다. 부모님께서 아이를 키우시면서 마주할 수 있는 구체적인 상황들에 대한 대처를 묻는 문항들과 전반적인 부모님의 효능감을 묻는 문항들로 구성되어 있습니다. 부모 효능감의 평균은 33.05점입니다.

결과해석

BBB의 어머니가 양육과 관련하여 느끼고 계시는 효능감은 28점으로 평균보다 다소 낮은 수준으로 나타났습니다. 전반적으로 아이를 키우시면서 마주할 수 있는 상황에 어려움을 느끼고 계시나, 특히 어머니께서 원하시는 것을 아이에게 이해시키기와 아이를 부모님께 집중시키기에 어려움을 느끼고 계시는 것으로 평가됩니다.

⑤ 행동 상황 테스트

검사소개

이 검사는 문제행동이 발생하는 상황에서 부모님들이 효과적으로 대처하는 지식을 알아보는 검사이며 20점 만점으로 이루어져 있습니다.

검사결과

BBB 부모님의 문제행동 상황에 대한 지식 검사의 점수는 10점입니다. 이는 아이를 양육하는 데 마주하게 되는 여러 가지 문제행동이 발생하는 상황에 효율적인 방법으로 대처하실 수 있는 이론적 지식을 얼마나 가지고 계신지 알아본 것입니다. 앞으로 교육 등을 통해 지식을 얻어 활용하시면 아이의 문제행동을 더 적절한 방법으로 다루실 수 있습니다.

⑥ BECK 우울 척도

검사소개

BDI는 Beck 등(1984)에 의해 개발된 검사로, 우울의 정서적 · 인지적 · 동기적 · 생리적 증상 영역을 포함하는 21문항으로 이루어져 있으며, 우울환자들에게서 관찰 가능한 행동적 증상들로 구성되어 있는 자기보고식 척도입니다. 총점의 범위는 0~63점이고, 16점 이상일 경우 우울감이 유의미하게 높은 것으로 해석되며, 점수가 높을수록 우울 정도가 심한 것으로 볼 수 있습니다.

검사결과

BBB 어머님의 우울척도 점수는 15점으로, 같은 연령대와 비교하여 다소 높은 수준의 우울감을 보고하셨습니다. 약한 정도의 울적함, 삶이 재미없고 활동하기 싫은 느낌, 지루함, 체증이나 두통과 같은 신체증상이 이런 경한 우울증상과 관련될 수 있습니다. 그러나 우리나라의 평균 우울 수준이 다소 높아 심각한 문제를 의미하지는 않습니다. 기분전환과 활력을 위한 운동이나 취미생활을 권장합니다.

BBB 아버님의 우울척도 점수는 9점으로, 현재 같은 연령대와 비교하여 낮은 점수를 보고하므로 우울과 관련한 정서적/인지적/동기적/생리적 증상이 없는 것으로 판단됩니다.

제4장
아동 섭식과 관련된 제언

제4장 아동 섭식과 관련된 제언

아동의 섭식문제가 큰 관심을 갖게 만드는 가장 큰 이유는 이 문제가 아동이 자라나면서 겪는 가장 빈번한 문제이고 부모가 가장 신경 쓰는 문제이기 때문일 것이다. 이런 섭식문제를 적절하게 해결하기 위해서는 아동의 문제를 정확하고 객관적으로 평가하는 것이 중요하고, 그러기 위해 이 책의 3장에 걸쳐 한국형 평가도구의 개발과정과 개발된 도구의 실제적 이용의 예를 다루었다. 그러나 이런 모든 과정은 궁극적인 목표, 즉 아동의 섭식문제에 대해 적절한 대처를 하기 위함이다. 비록 이 책의 목적이 적절한 대처방법에 대한 조사나 연구는 아니었으나, 이 장에서는 이미 효과적이라 밝혀진 섭식문제에 대해 소개하고 앞서 개발된 평가결과가 어떻게 이용될 수 있는지 간단히 정리하려고 한다.

섭식문제는 심각도에 따라 대처 방식에 다소 차이를 두어야 한다. 가장 일반적이고 심각하지 않은 섭식문제는 부모들이 상식적인 수준에서 해결이 가능하지만, 심각한 수준의 섭식문제는 이를 지속시키는 원인을 파악하고 아동의 섭식을 책임지는 주변 보호자 모두가 일관적으로 동일한 방법을 사용해야 효과적이다. 그러나 심각도에 상관없이 섭식문제를 보이는 아동의 부모 및 보호자가 지켜야 할 일반적인 행동지침은 있다. 〈표 4-1〉에는 섭식문제를 예방하기 위한 지침을 정리해 놓았고, 〈표 4-2〉에 나오는 행동지침은 심각한 섭식문제를 가지고 있는 아동을 대상으로 진행된 섭식치료 연구에서 가장 바람직하다고 밝혀진 방법을 정리한 것이다. 〈표 4-2〉의 내용은 이에 관해 이미 잘 정리한 『잘 안 먹는 우리아이 다루기』(정경미, 이승아, 2010)라는 도서에서 추천한 방법과 섭식 관련 연구에서 보고된 방법(정경미, 2008)을 재인용하여 다시 정리한 것이다.

〈표 4-1〉 섭식문제를 예방하기 위한 가이드라인

섭식문제 예방하기
1. 식사와 간식 스케줄을 만든다. 2. 계속해서 새로운 음식 제시하기: 음식에 대한 선호도를 발달시키기 위해선 시간이 필요하므로 지속적으로 새로운 음식을 제시할 필요가 있다. 3. 다양한 음식을 나이에 적절한 만큼 주기: 적은 수의 음식을 많이 주는 것보다 많은 종류의 음식을 알맞은 양으로 주는 것이 좋다. 4. 식탁이나 식탁 근처에 아동을 앉히고 음식 주기: 섭식문제가 있는 아동의 경우, 한 장소에서 섭식행동을 하기보다는 돌아다니거나, 눕는 등 섭식과 관련된 바람직한 행동을 배우지 못한 경우가 있다. 이는 안전상의 문제를 일으킬 수도 있다. 따라서 음식을 식탁에 앉는 것과 연합할 수 있도록 한 장소에서 음식을 먹도록 연습시켜야 한다. TV/컴퓨터와 음식을 연합하는 것은 섭식을 어렵게 하고, 비만의 원인이 되며 부모를 힘들게 하기도 하므로 식사나 간식 중에는 TV/컴퓨터를 허용하지 않는다. 5. 다양한 음식을 올바른 식사예절로 먹는 모습 보여주기: 아동은 타인의 행동을 보고 학습하므로 적절한 식사예절을 배울 기회를 제공한다. 6. 사소한 부적절한 행동이나 나이에 맞는 흘리는 행동도 무시한다: 운동기술이 미숙한 어린 아동은 음식 먹을 때 많이 흘리게 된다. 현재 문제는 섭식 자체의 문제이므로 그 문제를 해결한 후 흘리는 행동은 나중에 교정하도록 한다. 7. 식사시간을 10~20분으로 제한한다. 8. 긍정적인 상호작용을 한다: 먹는 것 자체가 즐거운 경험이 되도록 환경을 조성한다. 때로, '특별한 보상'을 식사시간에만 사용함으로써, 식사가 즐거운 경험이 되도록 한다. 그러나 보상을 너무 많이 줄 경우 효과가 감소하므로 적절히 제공할 필요가 있다. 9. 방해물을 치운다. 10. 혼자 먹기를 격려해준다.

〈표 4-2〉 섭식 치료에서 일반적인 행동지침

섭식 치료에서 일반적인 행동지침
1. 정말로 물어보는 것이 아니라면 말을 아낀다: 섭식과 관련된 지시나 요구는 질문이 아닌 진술의 형식으로 내려져야 하며, 식사시간 동안 식사 지시는 가급적 삼가 해야 한다. 또한 부모(치료자)가 이미 쓰고 있는 용어를 사용해 식사와 관련지을 수 있도록 직접적이고 적게 말하면 아동이 부모의 말에 주의 기울이기 시작하게 된다.
2. 알맞을 때 적절하게 관심을 준다: 부적절한 행동은 무시하고, 적절한 식사 행동에 칭찬 등의 관심을 준다. 아이가 음식을 먹도록 간청하거나, 구슬리기, 애원, 위협은 하지 않는다. 즉, '식사전쟁'은 피해야 하는데, 다투지 말고 조용히 음식을 주는 환경이 조성되어야 한다. 식사문제에 적게 반응할수록 문제행동은 감소하게 되어 있다. 그리고 칭찬과 무시의 정확한 사용은 꾸준한 노력과 연습을 요함을 명심한다.
3. 모델링을 이용한다: 자폐 등의 장애아동의 경우, 모방을 잘 하지 않으나 모방행동이 안 나타날 뿐 관찰하지 않는 것은 아니며, 때론 어떤 아이의 경우 관찰학습으로 좋은 식사 행동을 모방할 수 있다. 따라서 좋은 모델을 보여주도록 한다.
4. 식사습관 기르기: 식사에 긍정적 영향을 주는 물리적 조건을 조성하는 것이 필요한데, 이에는 산만함 감소시키기, 같은 장소에서 식사, 함께 식사하는 사람 수 제한 등이 있다. 특정한 식사 장소 및 사물(같은 종류의 턱받이, 컵, 그릇, 식기)을 식사와 연합하도록 하고, 좋지 않은 다른 연합(예: 타임아웃 의자≠식사의자 약 먹기≠식사 시간)이 일어나지 않도록 주의한다.
5. 앉기: 식사시간에 바르게 앉기는 근육 긴장과 관련된 문제로 똑바로 앉아 머리를 가누고 삼키는 데 영향을 준다. 바르게 앉기를 조장하기 위해서 어린 아동은 높은 의자 또는 보조 의자, 큰 아동은 식당 의자를 사용한다.
6. 보조 장비: 섭식을 쉽게 하기 위해서 보조 장비(예: 손잡이 달린 숟가락, 손으로 잡기 편한 그릇, 손잡이 달린 컵 등)를 이용한다. 아동이 숟가락 잘 사용하면 혼자 먹기(self-feeding)를 시키고, 접시 대신 칸이 나누어진 용기를 사용할 수도 있다.

위에서 기술된 방법들은 일반적인 지침이며, 섭식문제가 심각할 경우 전문가의 치료가 반드시 필요하다. 국내에는 섭식 관련 전문가가 극히 드물지만, 서울 시립 어린이 병원의 행동치료실은 섭식과 관련된 행동치료를 제공한다. 극심한 섭식문제의 경우, 치료진이 입원이나 낮병원의 형태로 치료자에 의해 행해지는 보다 집중적인 치료를 제공하는데, 이는 이미 보호자나 부모가 아동의 섭식 관련 문제를 해결할 수 없다고 판단하기 때문이다. 이 경우 새로운 치료자와의 새로운 관계 형성을 통해 바른 섭식 행동을 배우고, 이를 다시 가정으로

일반화하는 치료 과정을 거치게 된다. 다행히도 행동치료는 섭식 관련 문제에 매우 효과적이다. 따라서 심각한 문제행동의 치료도 가능하다. 그러나 중요한 것은 문제가 심각해지기 전에 이를 방지하는 것이다.

〈표 4-1, 2〉의 내용을 꼼꼼하게 살펴보면, 이 가이드라인이 부모의 행동에 대한 구체적인 지침을 제공함을 알 수 있다. 즉, 환경을 바꾸어 준다던지, 이제까지 했던 부모의 특정행동을 다른 행동으로 바꾸던지, 어떤 일이 발생하지 않도록 막는 것 등을 말한다. 2장에서 개발된 3개의 평가도구 중 CEBQ는 아동의 섭식행동을 측정하는 도구이나, PMAS나 CFQ는 섭식과 관련된 부모의 다양한 행동을 측정하도록 개발된 도구이다. 3장에서는 이런 도구에서 나온 결과로 각 아동에게 어떤 치료책이 제공되는지를 예로 제시하였다. 2장에서 개발된 도구와 이미 개발된 CEBI로 각 아동에 대한 평가가 더욱 신뢰 있고 타당해질 수 있다. 비록 이 도구들에 대한 신뢰도·타당도 평가가 지속되어야 하지만, 우선은 개발된 도구를 가지고 섭식문제를 보이는 아동에 대한 객관적인 정보습득이 다소 용이해졌음은 분명하다.

부 록

부록 1. PMAS 설문지

보통 한 주 동안 다음과 같은 행동을 얼마나 하십니까?
각 문항에 대해 적절한 숫자로 표시하여 주십시오.

No.	부모의 식사시간 행동	1 = 전혀 2 = 때때로 3 = 항상		
1	아이를 위해 음식 먹는 것을 게임이나 재미있는 놀이로 만들었다	1	2	3
2	아이에게 준 음식과 같은 것을 나도 먹었다	1	2	3
3	아이와 함께 식사 자리에 앉긴 했지만 나는 먹지 않았다	1	2	3
4	아이가 원하는 음식은 어떤 것이든 먹게 해주었다	1	2	3
5	아이가 원하는 대로 음식의 맛을 바꿀 수 있게 허락해 주었다	1	2	3
6	잘한 행동에 대한 보상으로 아이가 가장 좋아하는 음식을 주었다	1	2	3
7	먹는 것에 대한 보상으로 아이에게 장난감을 주거나 아이가 가장 좋아하는 활동을 하게 해 주었다	1	2	3
8	먹는 것에 대한 보상으로 아이에게 특별한 디저트를 주었다	1	2	3
9	아이가 좋아하는 음식으로 바꿔먹는 것을 허락했다	1	2	3
10	차린 음식들 중에서 아이 자신이 먹을 음식을 선택하게 해주었다	1	2	3
11	아이를 위해 가족과는 다른 특별한 식사를 준비하였다	1	2	3
12	아이가 너무 많이 먹지 못하게 하였다	1	2	3
13	내가 특정 음식에 대해 얼마나 좋아했는지 아이에게 말해주었다	1	2	3
14	음식을 맛보면 얼마나 그 맛이 맛날지 아이에게 알려주었다	1	2	3
15	아이의 친구 또는 형제들이 그 음식을 좋아한다고 아이에게 말해주었다	1	2	3
16	아이에게 특정 음식이 건강하고, 똑똑하고, 힘세게 만들어 줄 것이라고 말해주었다	1	2	3
17	아이에게 매일 과일을 주었다	1	2	3
18	아이에게 줄 음식을 저지방식으로 바꿨다	1	2	3
19	나는 매일 과일을 먹었다	1	2	3
20	나는 매일 채소를 먹었다	1	2	3
21	나는 매일 탄산음료를 마셨다	1	2	3
22	나는 매일 사탕이나 단 음식을 먹었다	1	2	3
23	나는 매일 짠 간식을 먹었다	1	2	3

24	내가 먹는 음식을 저지방식으로 바꿨다	1	2	3
25	아이가 하루에 먹을 수 있는 단 음식의 양을 제한하였다	1	2	3
26	아이가 하루에 마실 수 있는 탄산음료의 양을 제한하였다	1	2	3
27	아이가 하루에 먹을 수 있는 짠 음식의 양을 제한하였다	1	2	3
28	아이가 "배고프지 않아"라고 말했을 경우에도 먹으라고 하였다	1	2	3
29	아이가 졸릴 때나 몸 상태가 별로 좋지 않을 때도 먹으라고 하였다	1	2	3
30	아이가 속이 상해 있을 때도 먹으라고 하였다	1	2	3
31	아이가 식사할 때 접시에 각각의 음식을 조금씩 놓아주었다	1	2	3

부록 2. CEBQ 설문지

CEBQ(Children Eating Behavior Questionnaire) 아동 섭식 행동 질문지
Copyright, Wardle et al, 2001

다음과 같은 아동의 행동이 얼마나 자주 나타납니까?

No		전혀	가끔	종종	자주	항상
1	내 아이는 쉽게 배불러 한다	1	2	3	4	5
2	내 아이는 식욕이 왕성하다	1	2	3	4	5
3	내 아이는 식사 때 음식을 남긴다	1	2	3	4	5
4	내 아이는 식사를 마치기 전에 배불러 한다	1	2	3	4	5
5	내 아이는 식사 직전에 간식을 먹으면 식사를 할 수 없다	1	2	3	4	5
6	내 아이는 천천히 먹는다	1	2	3	4	5
7	내 아이는 식사를 마치는 데 30분 이상 걸린다	1	2	3	4	5
8	내 아이는 매우 빨리 먹는 편이다	1	2	3	4	5
9	내 아이는 식사 시간 동안 먹는 속도가 점점 느려진다	1	2	3	4	5
10	내 아이는 새로운 음식을 맛보는 것을 즐긴다	1	2	3	4	5
11	내 아이는 다양한 음식을 즐긴다	1	2	3	4	5

12	내 아이는 새로운 음식을 맛보는 데 흥미를 느낀다	1	2	3	4	5
13	내 아이는 처음에는 새로운 음식을 거부한다	1	2	3	4	5
14	내 아이는 음식을 맛보려 하지 않고 음식을 싫어 한다	1	2	3	4	5
15	내 아이는 현재의 식사에 만족하지 못한다	1	2	3	4	5
16	내 아이는 항상 음식을 달라고 한다	1	2	3	4	5
17	그냥 두면, 내 아이는 항상 음식을 먹을 것이다	1	2	3	4	5
18	그냥 두면, 내 아이는 하루 종일 먹을 것이다	1	2	3	4	5
19	그냥 두면, 내 아이는 너무 많이 먹을 것이다	1	2	3	4	5
20	내 아이는 배가 불러도, 좋아하는 음식은 먹으려고 한다	1	2	3	4	5
21	내 아이는 먹는 것을 즐긴다	1	2	3	4	5
22	내 아이는 음식을 좋아한다	1	2	3	4	5
23	내 아이는 음식에 흥미가 있다	1	2	3	4	5
24	내 아이는 식사 시간을 기대한다	1	2	3	4	5
25	마실 것이 허용되면, 내 아이는 항상 그것을 마실 것이다	1	2	3	4	5
26	마실 것이 허용되면, 내 아이는 하루 종일 계속해서 마실 것이다	1	2	3	4	5
27	내 아이는 항상 마실 것을 달라고 한다	1	2	3	4	5
28	내 아이는 기분이 나쁠 때 더 적게 먹는다	1	2	3	4	5
29	내 아이는 화가 날 때 더 적게 먹는다	1	2	3	4	5
30	내 아이는 피곤할 때 더 적게 먹는다	1	2	3	4	5
31	내 아이는 행복할 때 더 많이 먹는다	1	2	3	4	5
32	내 아이는 불안할 때 더 많이 먹는다	1	2	3	4	5
33	내 아이는 짜증날 때 더 많이 먹는다	1	2	3	4	5
34	내 아이는 걱정이 있을 때 더 많이 먹는다	1	2	3	4	5
35	내 아이는 달리 할 일이 없을 때 더 많이 먹는다	1	2	3	4	5

부록 3. CFQ 설문지

CFQ(Children Feeding Questionnaire) 아동 섭식 질문지
Copyright, Birch et al, 2001

다음의 질문을 잘 읽고 해당되는 문항에 표시하세요.

		전혀	가끔	자주	대부분	항상
1	평소 아이가 집에 있을 때 아이를 먹이는 데 본인이 신경을 쓴다	1	2	3	4	5
2	평소 아이가 먹을 양을 본인이 결정한다	1	2	3	4	5
3	평소 아이가 먹을 음식이 적절한지 본인이 결정한다	1	2	3	4	5
		심한 저체중	저체중	보통	과체중	심한 과체중
4	본인의 유년 시절	1	2	3	4	5
5	본인의 청소년 시절	1	2	3	4	5
6	본인의 20대 시절	1	2	3	4	5
7	본인의 현재	1	2	3	4	5
8	아동의 생후 1년	1	2	3	4	5
9	아동의 걸음마기	1	2	3	4	5
10	아동의 유아원 시기	1	2	3	4	5
11	아동의 유치원 시기부터 초등 2학년까지	1	2	3	4	5
12	아동의 초등 3학년부터 5학년까지	1	2	3	4	5
13	아동의 초등 6학년부터 중학교 2학년까지	1	2	3	4	5
		전혀 그렇지 않다	조금 그렇지 않다	그렇다	조금 그렇다	매우 그렇다
14	아이와 함께 있지 않을 때, 아이가 너무 많이 먹지 않을까 걱정된다	1	2	3	4	5
15	적절한 체중을 유지하기 위해 아이가 다이어트를 해야 할까봐 걱정된다	1	2	3	4	5
16	아이가 과체중이 될까봐 걱정된다	1	2	3	4	5

		전혀 동의하지 않는다	별로 동의하지 않는다	보통이다	조금 동의한다	동의한다
17	아이가 단 음식(사탕, 아이스크림, 파이 등)을 너무 많이 먹지 않도록 해야 한다	1	2	3	4	5
18	아이가 고지방 음식을 너무 많이 먹지 않도록 해야 한다	1	2	3	4	5
19	아이가 좋아하는 음식을 너무 많이 먹지 않도록 해야 한다	1	2	3	4	5
20	몇 가지 음식들은 의도적으로 아이 손에 닿지 않게 두어야 한다	1	2	3	4	5
21	좋은 행동에 대한 보상으로 아이에게단 음식(사탕, 아이스크림, 케이크, 파이 등)을 준다	1	2	3	4	5
22	좋은 행동을 하면, 아이에게 아이가 좋아하는 음식을 준다	1	2	3	4	5
23	아이의 식사를 지도하거나 규제하지 않으면, 아이는 정크푸드를 너무 많이 먹을 것이다	1	2	3	4	5
24	아이의 식사를 지도하거나 규제하지 않으면, 아이는 자기가 좋아하는 음식을 너무 많이 먹을 것이다	1	2	3	4	5
25	아이는 항상 주어진 음식을 다 먹어야 한다	1	2	3	4	5
26	아이가 충분히 먹는지 특별히 신경써야 한다	1	2	3	4	5
27	아이가 배고프지 않다고 말해도, 먹이려고 노력해야 한다.	1	2	3	4	5
28	아이의 식사를 지도하거나 조절하지 않으면, 아이는 먹어야 하는 양보다 훨씬 적게 먹을 것이다	1	2	3	4	5
		전혀	거의	가끔	자주	항상
29	아이가 단 음식(사탕, 아이스크림, 케이크, 파이 등)을 얼마나 많이 먹는지 알고 있다	1	2	3	4	5
30	아이가 과자(감자칩, 나초, 치즈팝콘 등)를 얼마나 많이 먹는지 알고 있다	1	2	3	4	5
31	당신은 아이가 고지방 음식을 얼마나 많이 먹는지 알고 있다	1	2	3	4	5

부록 4. PMAS 표준화 연구 국제 학회 발표 포스터

본 연구과제의 지원을 받아 실시된 PMAS의 표준화 연구는 2011년 5월 27~31일에 미국 콜로라도주 덴버에서 열린 국제학술대회인 ABAI (Applied Behavior Analysis International; 37th ABAI Annual Convention, Denver, CO, 2011)에 포스터 발표로 채택되었으며, 그 초록은 다음과 같다.

Title: Factor Structure of Parent Mealtime Action Scale among Korean Parents

Jeong-Hyun Choo, Eunhae Jang, Kyong-Mee Chung

Eating and mealtime problems are reported common in childhood and occur across a broad age span from typically developing children to children with a wide variety of developmental and medical disorders. For childhood eating and mealtime problem, few measures are available in Korea with good psychometric properties. The purpose of this study is to investigate the factor structure of PMAS (Parent Mealtime Action Scale) in Korea and to standardize the Korean version of PMAS.

The data was collected via schools, daycare centers and Internet, 706 parents out of 750 parents who met the inclusion criteria in this study were entered into the data. 55%(N=390) of children were male and 45%(N=316) were female, and the mean age was 4.3 years (SD=2.53 years, range from 1 to 10).

Confirmatory factor analysis were conducted and its result were consistent with the 9-factors model suggested by Hendy et al.,(2009)

with the adequate model(GFI=.934, TLI=.902, CFI=.916 and RMSEA=.036). The mean Cronbach's alpha for the nine PMAS dimensions was .61 and the mean test-retest reliability was .79. Results of the present study indicated that the factor structure of PMAS is appropriate to identify patterns of Korean parents' behavior during mealtime with their children.

Table 1. Results for psychometric examination of the nine PMAS dimensions

#	PMAS dimensions	Mean(SD)	Internal Reliability (α)	Test-retest reliability (r)
3	Snack Limit	2.31(.65)	.82	.616**
4	Positive persuasion	1.99(.43)	.67	.823**
3	Daily FV availability	2.35(.51)	.75	.810**
4	Use of reward	1.70(.39)	.64	.637**
3	Insistence on eating	1.63(.49)	.77	.685**
3	Snack modeling	1.38(.41)	.66	.646**
4	Special meals	1.68(.31)	.13	.616**
3	Fat reduction	1.52(.45)	.56	.817**
4	Many food choices	1.99(.37)	.53	.329**

7th ABAI Annual Convention - Poster Submission ID# 11913

부록 5. CFQ 표준화 연구 국제 학회 발표 초록

본 연구과제의 지원을 받아 실시된 CFQ 표준화 연구는 2012년 5월 25~29일에 미국 워싱턴주 시애틀에서 열릴 국제학술대회인 ABAI (Applied Behavior Analysis International; 38th Annual Convention, Seattle, WA, 2012)에 포스터 발표로 채택되었으며, 그 초록은 다음과 같다.

Title: The reliability and validity of the Children Feeding Questionnaire among Korean Parents.

Authors: Hye Yeon Shin, Kyong Mee Chung

Categories of Submission: Applied Research

The aim of present study was to investigate the reliability and validity of CFQ(Children Feeding Questionnaire) and standardize the Korean version of CFQ. The data were collected via schools, daycare centers and Internet. 717 parents with typically developing children as well as 25 parents of children with autism completed the CFQ and K-CEBI(Korean-Child Eating Behavior Inventory) (358 boys, 359 girls, between age 2-11). The internal consistency of CFQ was acceptable(cronbach's alpha=.827) and the range of test-retest reliability was .421 to .906(N=43). The confirmatory factor analysis was conducted upon the findings from Birch et al., (2001) and fell in the acceptable ranges (NFI=.794, TLI=.783, CFI=.824 and RMSEA=.078). For the validity, some subscales of CFQ were highly correlated with few subscales of K-CEBI. Children with autism scored higher than normal children in CFQ. These results suggested that the factor structure of CFQ was appropriate to identify patterns of Korean parents' perception, concerns, attitudes and practices when they feed their children. K-CFQ is a reliable and valid measure. The implications, limitations and directions for future research are discussed.

38th ABAI Annual Convention - Poster Submission ID# 15370

| 참고문헌 |

강신관, 김순덕, 이제숙. 2008. "소아청소년의 과체중과 비만의 유병률 및 관련요인: 2005년 국민건강영양조사를 대상으로". 『한국역학회』, 30(2), 188-197.

강영석, 강지현, 김문철, 유병연, 성은주, 이선영, 이연정. 2009. "소아 비만과 관련된 대사 이상을 예측하기 위한 체지방률의 절단값: 2007년 소아 청소년 신체발육 표준치를 기준으로". 『가정의학회지』, 30(11), 887-894.

구대희. 1996. "섭식과 영양장애 현상이 유아행동 발달에 미치는 영향". 『대구미래대학 논문집』, 15(2), 23-44.

김동연, 이은진. 2002. "미술치료가 섭식장애아의 자기개념, 가족관계 및 섭식태도에 미치는 영향". 『한국미술치료학회』, 9(1), 1-36.

김미리혜. 2001. "아동의 체중조절을 위한 인지행동치료프로그램의 실제". 『인지행동치료, 1, 53-65.

김선희. 2011. "뇌성마비 아동용 한국형 섭식 기능 평가 도구 개발의 기초 연구". 『言語治療研究』, 20, 31-51.

김영희. 2004. "학교급식에서 편식 아동의 식생활 양상". 『대한영양사협회』, 10, 345-355.

김은미, 이가영, 황규만, 김준수, 박태진. 2010. "한국어판 체중편견(Weight Bias) 측정 도구의 신뢰도 및 타당도". 『가정의학회지』, 31(6), 461-471.

김은경, 안성연, 김은미, 허경자, 김은경. 2003. "장애아동과 비장애 아동의 식습관 및 섭식 행동 비교". 『대한지역사회영양학회지』, 8(6), 840-855.

김혜진, 정경미. 2008. "아동기 섭취문제가 양육스트레스에 미치는 영향:

발달단계에 따른 행동문제의 매개효과". 『한국심리학회지: 임상』, 27(4), 843-859.

김혜진, 정경미, 박미정. 2008a. "한국형 섭식행동검사의 표준화 연구". 『정서행동장애연구』, 24(1), 163-83.

김혜진, 정경미, 박미정, 최연호. 2008. "섭취문제가 있는 영유아 아동에 대한 부모설문조사". 『대한소아소화기영양학회』, 11(2), 179-186.

박영숙. 1998. "자폐증 아동의 영양소 섭취 및 영양장애 관련 요인분석에 관한 조사연구". 『정서학습장애연구』, 14(2), 39-60.

보건복지부. 2005. 『국가 비만관리 종합대책』.

양소정, 정경미. 2007. "부모교육을 통한 섭식장애 아동의 행동치료". 「정서행동장애연구』, 23, 99-117.

오경자, 김영아. 2008. 『CBCL 1.5-5 유아 행동평가 척도-부모용』. ㈜휴노 컨설팅: 서울.

오경자, 이혜련, 홍강의, 하은혜. 1997. 『아동·청소년 행동평가 척도 (K-CBCL)』. 중앙적성연구소.

이어진, 정경미, 진혜경. 2010. "발달장애아동의 섭식문제가 양육스트레스에 미치는 영향과 양육자의 사회적 지지와 대처방식의 매개효과". 『정서행동장애연구』, 26(1), 181-208.

이지원, 이희승, 장남수, 김지명. 2009. "영양교육 프로그램에 참가한 초등학교 아동의 영양지식 점수와 식행동, 식이 섭취 및 신체 지표와의 관련성". 『한국영양학회지』, 42(4), 338-349.

정경미. 2008. "섭식문제행동에 대한 효과적인 행동전략". 『대한소아소화기영양학회지』, 11(1), 143-148.

정경미, 이경숙, 박진아, 김혜진. 2008. "한국판 부모 양육스트레스 검사(Korean-Parenting Stress Index: K-PSI)의 표준화 연구". 『한국심리학회지: 임상』, 27(3), 689-707.

정경미, 이승아 역. 2010. 『잘 안먹는 우리아이 다루기』. 시그마프레스 Keith E. Williams와 Richard M. Fox 저

탁진국. 2007. 『심리검사: 개발과 평가 방법의 이해』. 서울: 학지사.

Abidin, R. R. 1995. *Parenting stress index (PSI) manual (3rd ed.).* Odessa, FL: Psychological Assessment Resources, Inc.

Achenbach, T. M. 1991. *Manuals for the Child Behavior Checklist/4-18 and 1991 Profile.* Burlington: University of Vermont, Department of Psychiatry.

Achenbach, T. M., & Rescorla, L. A. 2000. *Manual for the ASEBA preschool forms & Profile.* Brulington, VT: University of Vermont, Research Center for Children, Youth, & Families.

Allison, D. B., Newcomer, J. W., Dunn, A. L., Blumenthal, J. A., Fabricatore, A. N., Daumit, G. L., et al. 2009. Obesity among those with mental disorders: a National Institute of Mental Health meeting report. *American Journal of Preventive Medicine, 36*(4), 341-345.

American Psychiatric Association. 2000. *Diagnostic and statistical manual of mental disorders (4th ed. text revision).* Washington, DC: American Psychiatric Association.

Anastasi, A. & Urbian, S. /김완석, 전진수 역. 2003. 심리검사(Psychological testing, 1997). 서울: 율곡출판사.

Archer, L. A., Cunningham, C. E., & Whelan, D. T. 1988. Coping with dietary therapy in phenylketonuria: a case report. *Canadian Journal of Science, 20*(4), 461-466.

Archer, L. A., Rosenbaum, P. L., & Streiner, D. L. 1991. The Children's Eating Behavior Inventory: Reliability and Validity Results. *Journal of Pediatric Psychology, 16*(5), 629-664.

Ashcroft, J., Semmler, C., Carnell, S., Van Jaarsveld, C. H. M., & Wardle, J. 2007. Continuity and stability of eating behaviour traits in children. *European Journal of Clinical Nutrition 62,* 985-990.

Babbitt, R. L., Hoch, T. A., & Coe, D. A. 1994. *Behavioral feeding disorders.* San Diego: Singular Press.

Babbitt, R. L., Hoch, T. A., Coe, D. A., Cataldo, M. F., Kelly, K. J., & Stackhouse, C., et al. 1994. Behavioral assessment and treatment of pediatric feeding disorders. *Developmental and Behavioral Pediatrics, 15*(4), 278-291.

Batshaw, M. L. 2002. *Children with disabilities.* Paul H. Brookes

Publishing Company.
Bax, M. 1989. Eating is important. *Developmental Medicine, & Child Neurology, 31*(3), 285-286.
Birch, L. L., Fisher, J. O., Grimm-Thomas, K., Markey, C. N., Sawyer, R., & Johnson, S. L. 2001. Confirmatory factor analysis of the Child Feeding Questionnaire: a measure of parental attitudes, beliefs and practices about child feeding and obesity proneness. *Appetite, 36,* 201–210.
Braet, C., Merviede, I., & Vandereycken W. 1996. Psychological Aspects of Childhood Obesity: A Controlled Study in a Clinical and Nonclinical Sample. *Journal of Pediatric Psychology, 22*(1), 59-71.
Braet, C., & Van Strein, T. 1997. Assessment of emotional, externally induced and restrained eating behaviour in nine to twelve-year-old obese and non-obese children. *Behaviour Research and Therapy, 35*(9), 863-873.
Brazelton, T. B. 1992. Feeding problems. In T. B. Brazelton (Ed.), *Touchpoints.* Reading, MA: Merloyd Lawrence.
Brislin, R., W. 1970. Back-Translation for Cross-Cultural Research. *Journal of Cross-Cultural Psychology, 1*(3), 185-216.
Budd, K. S., McGraw, T. E., Farbisz, R., Murphy, T. B., Hawkins, D., Heilman, N., et al. 1992. Psychosocial concomitants of children's feeding disorders. *Journal of Pediatric Psychology, 17*, 81-94.
Burklow, K. A., Phelps, A. N., Schultz, J. R., McConnell, K., & Rudolph, C. 1998. Classifying complex pediatric feeding disorders. *Journal of Pediatric Gastroenterology and Nutrition, 27*(2), 143-147.
Butler, N. R., & Golding, J. 1986. *From birth to five: A study of the health and behaviour of Britain's 5 year olds.* London: Pergamon Press.
Carnell, S. & Wardle, J. 2008. Appetite and adiposity in children: evidence for a behavioral susceptibility theory of obesity. *American Journal of Clinical Nutririon,, 88, 22-29.*
Chatoor, I., Conley, C., & Dickson, L. 1988. Food refusal after an

incident of choking: A posttraumatic eating disorder. *Journal of Behavior Therapy and Experimental Psychiatry, 4,* 285-287.

Chatoor, I., & Ganiban, J. 2003. Food refusal by infants and young children: Diagnosis and treatment. *Cognitive and Behavioral Practice, 10*, 138-146.

Chung, K. M., & Kahng, S. W. 2006. Pediatric feeding disorders. In J. E. Fisher, & W. T. O'Donohue (Eds.), *Practitioner's guide to evidence-based psychotherapy.* New York: Springer.

Collins, M. S. R., Kyle, R., Smith, S., Laverty, A., Roberts, S., & Eaton-Evans, J. 2003. Coping with the Usual Family Diet: Eating Behaviour and Food Choices of Children with Down's Syndrome, Autistic Spectrum Disorders or Cri du Chat Syndrome and Comparison Groups of Siblings. *Journal of Learning Disabilities,* 7(2), 137-155.

Coolbear, J., & Benoit, D. 1999. Failure-to-thrive: Risk for clinical disturbance of attachment. *Infant Mental Health Journal, 20*(1), 87-104.

Corsini, N., Danthiir, V., Kettler, N., & Wilson, C. 2008. Factor structure and psychometric properties of the Child Feeding Questionnaire in Australian preschool children. *Appetite, 51,* 474-481.

Craig, G. M., Scambler, G., & Spitz, L. 2003. Why parents of children with developmental disabilities requiring gastronomy feeding need more support. *Developmental Medicine and Child Neurology, 45,* 183-188.

Cravioto, J. 1979. Malnutrition environment and child development. In Levitsky, D.A. (Ed.), *Malnutrition, behavior and development.* Ithaca, New York: Cornell University Press.

Deckelbaum, R. J., & Williams, C. L. 2001. Childhood Obesity: The Health Issue. *Obesity Research 9,* 239-243.

Douglas, J. 2002. Psychological treatment of food refusal in young children. *Child & Adolescent Mental Health,* 7(4), 173-180.

Duff, A. J. A., Wolfe, S. P., Dickson, C., Conway, C. P., & Brownlee, K. G., 2003. Feeding Behavior Problems in Children With Cystic Fibrosis in the UK: Prevalence and Comparison

With Healthy Controls. *Journal of Pediatric Gastroenterology and Nutrition, 36*(4), 443-447.

Eicher, P. S. 2005. Feeding. In M. L., Batshaw (Ed.), *Children with disabilities*(pp. 549-566). Baltimore, Paul H. Brooks Publishing Co.

Epstein, L. H., Valoski, A., Wing, R. R., & McCurley, J. 1990. Ten-year follow-up of behavioral, family-based treatment for obese children. *Journal of the American Medical Association, 264,* 2519–2523.

Ferrari, M., Matthews, W. S., & Barabas, G. 1983. The family and the child with epilepsy. *Family Process, 22*, 53-59.

Flegal, K. M., Tabak, C. J., & Ogden, C. L. 2006. Overweight in children: Definition and interpretation. *Health Education Research, 21*(6), 755-760.

Galensky, T. L., Miltenberger, R. G., Stricker J. M., & Garlinghouse, M. A. 2001. Functional Assessment and Treatment of Mealtime Behavior Problems. *Journal of Positive Behavior Interventions, 3*(4), 211-224.

Galler, J. R. 1984. Behavioral consequences of malnutrition in early life. In: Galler J, ed. *Nutrition and behavior*, New York: Plenum Press, 63-118.

Galler, J. R., Ramsey F, & Solimano, G. 1985. A follow-up study of the in-fluence of early malnutrition on subsequent development: fine motor skills in adolescence. *Pediatric Research, 19,* 524-527.

Galler, J. R., Ramsey, F., Solimano, G., Lowell, W. E., & Mason, E. 1983. The influence of early malnutrition on subsequent behavioral development: degree of impairment in intellectual performance. *Journal of Child Psychiatry, 22*, 8-15.

Gangil, A., Patwari, A. K., Aneja, S., Ahuja, B., & Anand, V. K. 2001. Feeding problems in children with cerebral palsy. *Indian Pediatrics, 38,* 839-846.

Geng, G., Zhu, Z., Suzuki, K., Tanaka, T., Ando, D., Sato, M., & Yamagata. Z. 2009. Confirmatory factor analysis of the Child Feeding Questionnaire (CFQ) in Japanese elementary school children. *Appetite, 52,* 8-14.

German, M. L., & Malsto, A. A. 1982. The relationship of a perceived family support system to the institutional placement of mentally retarded children. *Education & Training of the Mentally Retarded, 17,* 17-23.

Gorman, J., Leifer, M., & Grossman G. 1993. Nonorganic Failure to Thrive: Maternal History and Current Maternal Functioning. *Journal of Clinical Child Psychology, 22*(3), 327-336.

Griest, D., Wells, K. C., & Forehand, R. 1979. An examination of predictors of maternal perceptions of maladjustment in clinic-referred children. *Journal of Abnormal Psychology. 88*(3), 277-281.

Hendy, H. M., Williams, K. E., Camise, T. S., Eckmand, N., & Hedemann. A. 2008. The Parent Mealtime Action Scale (PMAS): Development and association with children's diet and weight. *Appetite, 52*(2), 328-339.

Hill, J. O., & Peters, J. C. 1998. Environmental contributions to the obesity epidemic. *Science, 280,* 1371-1374.

Holleran, P. A., Littman, D. C., Freund, R. D., & Schmaling, K. B. 1982. A signal detection approach to social perception: Identification of negative and positive behaviors by parents of normal and problem children. *Journal of Abnormal Child Psychology, 10*(4), 547-557.

Holmes, W. C. 1998. A short, psychiatric case finding measure for HIV seropositive outpatients: Performance characteristics of the 5-item mental health subscale of the SF-20 in a male, seropositive sample. *Medical Care, 46,* 237-243.

Iwata, B. A., Riordan, M. M., Wohl, M. K., & Finney, J. W. 1982. *Pediatric feeding disorders: Behavioral analysis and treatment.* In P. J. Accardo (Ed.), Failure to thrive in infancy and early childhood. : A multidisciplinary team approach (pp. 297-329). Baltimore: University Park Press.

James, J., Thomas, P., Cavan, D., & Kerr, D. 2004. Preventing childhood obesity by reducing consumption of carbonated drinks: cluster randomised controlled trial. *BMJ, 328,* 1237.

Jansen, A., Theunissen, N., Slechten, K., Nederkoorn, C., Boon, B.,

Mulkens, S., & Roefs, A. 2003. Overweight children overeat after exposure to food cues. *Eating Behaviors, 4*(2), 197-209.

Johnson, S. M., & Lobitz, G. K. 1974. The personal and marital adjustment of parents as related to observed child deviance and parenting behaviors. *Journal of Abnormal Child Psychology, 2*(3), 193-207.

Kedesdy, J. H., & Budd, K. S. 1998. *Childhood feeding disorders,* Paul H. Brookes Publishing Company.

Kerwin, M. E. 1993. Expanding the Conceptualization of Caregiver Coping: The Importance of Relationship-Focused Coping Strategies. *Family Relations, 42*(4), 383-391.

Kerwin, M. E. 1999. Empirically supported treatments in pediatric psychology: Severe feeding problems. *Journal of Abnormal Psychology, 103,* 125-136.

Ludwig, D. S,, Peterson, K. E., & Gortmaker, S. L. 2001. Relation between consumption of sugar-sweetened drinks and childhood obesity: a prospective, observational analysis. *The Lancet, 357,* 505-508.

Luiselli, J. K., Evans, T. P., & Boyce, D. A. 1985. Contingency Management of Food Selectivity and Oppositional Eating in a Mutiply Handicapped Child. *Journal of Clinical Child, & Adolescent Psychology, 14*(2), 153-156.

Manikam, R., & Perman, J. A. 2000. Pediatric feeding disorders. *Journal of Clinical Gastroenterology, 30,* 34-46.

Martins, Y., Young, R. L., & Robson, D. C. 2008. Feeding and Eating Behaviors in Children with Autism and Typically Developing Children. *Journal of Autism and Developmental Disorders, 38*(10), 1878-1887.

Matson, J. L., Fodstad, J. C., & Dempsey, T. 2009. The relationship of children's feeding problems to core symptoms of autism and PDD-NOS. *Research in Autism spectrum Disorders, 3,* 759-766.

Mayes, L. C., & Volkmar, F. R. 1993. Nosology of eating and growth disorders in early childhood. *Child and Adolescent Psychiatric Clinics of North America, 2*, 15-35.

McLoughlin, J. A., Clark, F. L., Mauck, A. R., & Petrosko, J. 1987.

A comparison of parent-child perceptions of students learning disabilities. *Journal of Learning Disabilitie, 20*, 357-360.

Mossberg, H. O. 1989. 40-year follow-up of overweight children. *The Lancet, 334*(8661), 491-493.

Munk, D. D., & Repp, A. C. 1994. Behavioral assessment of feeding problems of individuals with severe disabilities. *Journal of Applied Behavior Analysis, 27,* 241-250.

Olive, M. 2004. Assessment and Intervention for Young Children with Nonphysiological Feeding Concerns. *Young Exceptional Children,* 7(4), 10-19.

Patric, H., & Nicklas, T. A. 2005. A Review of Family and Social Determinants of Children's Eating Patterns and Diet Quality. *Journal of the American College of Nutrition, 24*(2), 83-92.

Patrick, J., Boland, M., & Stoskid, J. 1986. Rapid correction of wasting in children with cerebral palsy. *Developmental Medicine, & Child Neurology, 28,* 734-739.

Perske, R., Clifton, A., McLean, B. M., & Stein, J. I. 1977. *Mealtimes for severely and profoundly handicapped persons: New concepts and attitudes.* Baltimore: University Park Press.

Perusse, L., Tremblay, A., Leblanc, C., Cloninger, C. R., Reich, T., Rice, J., & Bouchard. C. 1988. Familial resemblance in energy intake: contribution of genetic and environmental factors. *Am J Clin Nuir, 47,* 629-635.

Pierce, J. W., & Wardel, J. 1997. Cause and Effect Beliefs and Self-esteem of Overweight Children. *Journal of Child Psychology and Psychiatry. 38*(6), 645-650.

Powers, S. W., Chamberlin, L. A., Van Schaick, K. B., Sherman, S. N., & Whitaker, R. 2006. Maternal Feeding Strategies, Child Eating Behaviors, and Child BMI in Low-Income African-American Preschoolers. *Obesity, 14,* 2026-2033.

Ramsay, M. 1995. Feeding disorder and failure to thrive. *Child & Adolescent Psychiatric Clinics of North America, 4*(3), 605-616.

Ramsay, J. E., Ferrell, W. R., Crawford, L.,Wallac A. M., Greer I. A., & Sattar N. 2002. Maternal Obesity Is Associated with Dysregulation of Metabolic, Vascular, and Inflammatory Pathways. *Journal of Clinical Endocrinology and Metabolism*. 87(9). 4231-4237.

Ramsay, M, Gisel E. G., McCusker, J.,Bellavance, F., & Platt, R., 2002. Infant sucking ability, non-organic failure to thrive, maternal characteristics, and feeding practices: a prospective cohort study. *Develpmental Medicidne of Child Neurology, 44*, 405-14.

Reed, G. M., & Eisman, E. J. 2006. *Uses and misueses of evidence: Managed care, treatment guidelines, and outcomes measurement in professional practice.* In C. D. Goodhaeart, A. E. Kazdin, & R. J. Sternberg (Eds.), Evidence-based psychotherapy (pp. 13-35). New York; American Psychological Association.

Riordan, M. M., Iwata, B. A., Finney, J. W., Wohl, M. K., & Stanley A. E. 1984. Behavioral Assessment and Treatment of Chronic Food Refusal in Handicapped Children. *Journal of Applied Behavior Analysis, 17*(3), 327-341.

Satter, E. 1990. Feeding dynamics: Helping children to eat well. *Journal of Pediatric Health Care, 9*(4), 178-184.

Schreck, K. A., Williams, K., & Smith, A. F. 2004. A Comparison of eating behaviors between children with and without autism. *Journal of Autism and Developmental Disorders, 34*(4), 433-438.

Sleddens, E. F. C., Kremers, S. P. J., & Thijs, C. 2008. The Children's Eating Behaviour Questionnaire: factorial validity and association with Body Mass Index in Dutch children aged 6–7. *International Journal of Behavioral Nutrition and Physical Activity, 5*(49).

Snethen, J. A., Broome, M. E., & Cashin, S. E. 2006. Effective weight loss for overweight children: A meta-analysis of intervention studies. *Journal of Pediatric Nursing, 21*(1), 45-56.

Strauss, R. S. 1999. Comparison of measured and self-reported weight and height in a cross-sectional sample of young adolescents. *International Journal of Obesity, 23*(8), 904-908.

Ventura, A. K., & Birch, L. L. 2008. Does parenting affect children's eating and weight status? *International Journal of Behavioral Nutrition and Physical Activity 15*(5).

Viana, V., Sinde, S., & Saxton, J. C. 2008. Children's Eating

Behaviour Questionnaire: associations with BMI in Portuguese children. *British Journal of Nutrition, 100*, 445-450.

Wang, Y., & Lobstein, T. 2006. Worldwide trends in childhood overweight and obesity. *Pediatric Obesity, 1*(1), 11-25.

Wardle, J., Carnell, S., Haworth, C. M. A,, Farooqi, I. S., O'Rahilly, S., & Plomin, R. 2008. Obesity-associated genetic variation in FTO is associated with diminished satiety. *J Clin Endocrinol Metab, 93*(9), 3640-3643.

Wardle, J., Guthrie, C. A., Sanderson, S., & Rapoport, L. 2001. Development of the children's eating behaviour questionnaire. *Journal of Child Psychology and Psychiatry, 42,* 963-970.

Webber, L., Cooke, L., Hill, C., & Wardle, J. 2009. Associations between Children's Appetitive Traits and Maternal Feeding Practices. *Journal of the American Dietetic Association, 110*(11), 1718-1722.

Webber, L., Hill, C., Saxton, J., Van Jaarsveld, C. H. M., & Wardle, J. 2008. Eating behaviour and weight in children. *International Journal of Obesity, 33,* 21-28.

Webster-Stratton, C. 1990. Stress: A potential disruptor of parent perceptions and family interactions. *Journal of Clinical Child Psychology, 19*, 302-312.

Whitaker, R. C., Wright, J. A., Pepe, M. S., Seidel, K. D., & Dietz, W. H. 1997. Predicting Obesity in Young Adulthood from Childhood and Parental Obesity. *The New England Journal of Medicine, 337*(13), 869-873.

Yuker, H. E. 1988. Mothers' Perceptions of Their Disabled Children: A Review of the Literature. *Journal of the Multihandicapped Person, 1*(3), 217-232.

Zametkin, A. J., Zoon, C. K., Klein, H. W., & Munson, S. 2004. Psychiatric aspects of child and adolescent obesity: A review of the past 10 years. *Focus, 2,* 625-641.

아 | 산 | 재 | 단 | 연 | 구 | 총 | 서

1 전환기의 중국경제
김윤환 외 | 단국대 경제학과

2 폴란드 경제의 변천 개혁과 그 전망
김광수 | 숭실대 경제학과

3 재소한인
이광규 외 | 서울대 인류학과

4 소련산림과 임업
홍성천 외 | 경북대 임학과

5 아세안의 정치경제
김국진 외 | 외교안보연구원

6 태국의 사회변동과 경제발전
최석만 외 | 전남대 사회학과

7 중국의 사회경제 통계분석
신한풍 외 | 고려대 통계학과

8 중국의 정치와 경제
박두복 외 | 외교안보연구원

9 동유럽의 개혁과 시장경제의 도입
허만 외 | 부산대 사범대학

10 동유럽의 개혁운동
박영신 | 연세대 사회학과

11 현대 러시아 연구
기연수 외 | 한국외대 노어과

12 전략적 선택과 기업의 국제경쟁력
이장호 | 서강대 경영대학

13 협동사회의 정착과 정부의 역할
이종범 외 | 고려대 행정학과

14 한국 제조기업 생산성의 동적 분석
노부호 외 | 중앙대 경영대학

15 분배의 정의
변형윤 외 | 서울대 경제학과

16 도덕적 행동의 강화
이훈구 외 | 연세대 심리학과

17 관료부패와 통제
김해동 외 | 서울대 행정대학원

18 한국경제의 내실 있는 성장
정창영 외 | 연세대 경제학과

19 한국국민정신운동의 역사와 발전방향
박수명 외 | 부산대 사범대학

20 한국대학생의 가치성향과 상담효과
이영희 외 | 숙명여대 교육학과

21 가출청소년과 학교관리체제
안창규 외 | 부산대 교육학과

22 동북아 정세변화와 한 · 일관계
한승조 외 | 고려대 정치외교학과

23 언론과 부정부패
정대철 외 | 한양대 신문방송학과

24 한국의 고등학교 교육
이원호 외 | 부산대 교육학과

25 가족과 방송
김학수 외 | 서강대 신문방송학과

26 재정개혁의 전망과 재산세제의 개편과제
오연천 | 서울대 행정대학원

27 청소년을 위한 전자게임 프로그램의 규제 및 평가체계 개발
박혜원 외 | 울산대 가정관리학과

28 정신장애자 가족의 사회심리적 특성
이근후 외 | 이화여대 의과대학

29 가족의 관계역동성과 문제인식
이광규 외 | 서울대 인류학과

30 현대인과 한국전통음식
승정자 | 숙명여대 식품영양학과

31 기업의 초고속정보통신망활용
안중호 | 서울대 경영학과

32 지역발전을 위한 교육자치제의 개선방안
김남순 | 조선대 사범대학

33 전환기의 공무원 가치관
조경호 | 울산대 행정학과

34 지방자치와 사회복지의 과제
김영모 | 중앙대 사회복지학과

35 WTO체제하의 지방중소기업 지원정책
최명주 외 | 계명대 통상학부

36 현대한국의 시민운동
이효선 | 중앙대 사회학과

37 기업 세계화의 단계 및 정도의 측정
허영도 외 | 울산대 경영학과

38 가족복지를 위한 가족주치의 시범사업의 효과
이혜리 외 | 연세대 가정의학교실

39 한국대학생의 삶의 만족도
김재은 외 | 이화여대 교육심리학과

40 지역경제와 지역산업구조의 개편방향
정기화 외 | 전남대 경제학부

41 중국기업의 소유형태별 경영특성
노철화 외 | 부산대 무역학과

42 남북한의 인성 · 사상교육
한승조 외 | 고려대 정치외교학과

43 연계적 뇌기능 조언을 위한 의료용 멀티미디어 시스템의 설계
유선국 | 연세대 의용공학교실

44 다민족국가의 민족문제와 한인사회
최협 외 | 전남대 인류학과

45 저소득층지역 청소년 여가문화와 소집단 활성화
박문수 외 | 서강대 사회학과

46 삶의 질의 국제비교와 지역간 비교분석
이재기 외 | 울산대 경제학과

47 21세기 지역주민의 삶의 질
양종회 외 | 성균관대 사회학과

48 삶의 질에 대한 국가간 비교
조명한 외 | 서울대 심리학과

49 외국인 노동자의 노사관계와 사회적 적응
석현호 외 | 성균관대 사회학과

50 한국의 사법제도와 발전 모델
정종섭 | 건국대 법학과

51 고령화사회와 중상층 노인의 사회활동
조성남 외 | 이화여대 사회학과

52 한국의 서비스 시장 개방정책
한홍렬 | 한양대 경제학부

53 한국과 AFTA간의 교역증진 및 경제 협력방안
손일태 외 | 경희대 경제통상학부부향

54 물류비 절감을 위한 무역업체의 정보화전략
이영수 외 | 경북대 경제통상학부

55 사회주의 체제전환과 사회정책
오정수 외 | 충남대 사회복지학과

56 남북통일 이후 농업생산체계 개편
홍성규 외 | 건국대 농업경제학과

57 국제화와 세계화
하영선 외 | 서울대 외교학과

58 IMF 개혁정책의 평가와 한국경제의 신(新) 패러다임
조동근 | 명지대 경제학과

59 구조개혁과 실업대책
박동운 | 단국대 경제무역학부

60 21세기 신노사관계
심윤종 외 | 성균관대 사회학과

61 학교에서의 집단 따돌림
이춘재 외 | 가톨릭대 심리학과

62 한국노인의 정신건강실태와 건강증진
조맹제 외 | 서울대 의과대학

63 혁명과 개혁 속의 중국 농민
김광억 | 서울대 인류학과

64 중국의 경제환경과 한국기업의 진출 전략
지용희 외 | 서강대 경영학과

65 김대중 대통령의 시스템 사고
김동환 | 중앙대 공공정책학부

66 실업과 가족해체
최일섭 외 | 서울대 사회복지학과

67 합리적 부채비율 조정방안
오상근 | 동아대 경제학과

68 한국 중산층의 생활문화
문숙재 외 | 이화여대 소비자 · 인간발달학과

69 계층간 갈등상태에서 최적소득세
김진욱 | 건국대 경상학부

70 글로벌 경쟁력 제고를 위한 기업전략과 조직구축
이만우 외 | 고려대 경영학과

71 의료보험과 국민연금의 관리효율화를 위한 통합방안
사공진 외 | 한양대 경제학부

72 정부개혁의 과제와 전략
박우서 외 | 연세대 행정학과

73 책임운영기관 제도에 관한 비교분석
김근세 | 가톨릭대 행정학과

74 새로운 패러다임하에서의 한국기업의 바람직한 지배구조
최운열 외 | 서강대 경영학과

75 현대 한국사회의 계층구조
양춘 외 | 고려대 사회학과

76 한국의 산업정책과 산업구조조정
강인수 | 숙명여대 경제학부

77 기업구조조정
김석진 | 경북대 경영학부

78 지식경영을 위한 인적자원 개발 및 관리체계
장영철 | 경희대 경영학부

79 뉴 비즈니스 모델
전성현 | 국민대 정보관리학부

80 중산층의 정체성과 소비문화
함인희 외 | 이화여대 사회학과

81 외국관광객 유치를 위한 마케팅 전략
박상규 | 강원대 경영학과

82 한국인의 세대별 문학의식
이동순 | 영남대 국문과

83 공공부문의 효율성 평가와 측정
김재홍 외 | 울산대 사회과학부

84 한국 청소년의 정치의식과 형성요인
김광웅 외 | 숙명여대 아동복지학과

85 한국 대학생의 정치의식
배한동 | 경북대 윤리교육과

86 산업의 정보화와 산업발전
이가동 | 계명대 통상학부

87 한국 제조업의 고용조정 분석
이종원 외 | 성균관대 경제학부

88 지식자산에 대한 경영전략적 평가모형 개발
배재학 외 | 울산대 컴퓨터 · 정보통신공학부

89 관광사업을 위한 한국적 이미지의 휴식복 개발
채금석 | 숙명여대 의류학과

90 한국 정치제도의 개혁
신정현 | 경희대 사회과학부

91 e비즈니스와 아웃소싱 전략
정승화 외 | 연세대 경영학과

92 집단 따돌림의 진단 및 치료방안
홍준표 | 중앙대 인간생활환경학과

93 16대 총선과 낙선운동
조기숙 | 이화여대 국제대학원

94 부동층 유권자 행태 분석
진영재 | 연세대 정치외교학과

95 사이버 공동체의 성공요인
이재관 | 숭실대 경영학부

96 온라인 소비자 행동의 이론과 실증
윤성준 | 경기대 경영학부

97 글로벌 시대 정약용 세계관의 가능성과 한계
차성환 | 한일장신대 역사사회학과

98 러시아의 체제전환 과정에서 나타난 국가의 역할과 그 전망
이상민 외 | 부산대 정치외교학과

99 남북한의 경제발전 수준과 산업구조 비교, 그리고 경제교류 협력방향
주성환 | 건국대 경제학과

100 집단따돌림과 교육해체
한준상 | 연세대 교육학과

101 공적연금제도의 효율성과 개선방안
유금록 | 군산대 행정복지학부

102 벤처기업-대기업의 성공적인 협력 모델
나중덕 | 경산대 경영학과

103 북한의 재외동포정책
조정남 외 | 고려대 정치외교학과

104 사이버 공동체 형성의 역동적 모형
장용호 | 서강대 신문방송학과

105 기업이론과 기업의 소유지배구조
김일태 외 | 전남대 경제학부

106 가축분뇨 자원화를 위한 공동이용조직에 대한 농가선호도 분석
유덕기 | 동국대 생명자원경제학과

107 개혁정책과 전문가 집단
이경원 외 | 제주대 행정학과

108 현대 한국사회의 이중가치체계
신수진 외 | 이화여대 가정관리학과

109 한국의 산업구조 변화와 기업집단 다각화 전략
김용학 외 | 연세대 사회학과

110 지식정보사회의 경제적 모형 설정 및 사례 연구
김범환 | 배제대 경영정보학부

111 변호사징계제도
오종근 | 한림대 법학부

112 인터넷 특허법
김순석 | 광주대 법학과

113 e-비즈니스 시대의 금융 및 재정정책의 새로운 패러다임
이종욱 | 서울여대 경제학과

114 청소년의 하위문화와 정체성
조성남 | 이화여대 사회학과

115 디지털금융시대의 금융구조변화와 정부규제 및 정책
이충열 | 고려대 경제학부

116 지식경영을 위한 기업의 조직설계방안
김경수 외 | 전남대 경영학과

117 전자금융의 발달과 경제정책의 새로운 패러다임
이명훈 | 명지대 경제학과

118 동아시아의 안보와 유엔체제
강성학 편저 | 고려대 정치외교학과

119 유료 치매노인 그룹홈의 개발과 관련 정책
최정신 외 | 가톨릭대 소비자·주거학과

120 소비자 지향적 문화산업 정책
홍영준 | 호남대 광고홍보학과

121 국제·국가·지방 환경규제의 연계
정준금 외 | 울산대 행정학과

122 현행 회사 합병·분할제도의 평가와 개선방안
옥무석 외 | 이화여대 법학과

123 배려지향적 도덕성과 정의지향적 도덕성
정옥분 외 | 고려대 사범대학

124 기업구조조정에 대한 채권금융기관 및 금융감독기관의 역할과 책임
이중기 | 한림대 법학과

125 실업대책으로서 한국의 법정기준근로 시간 단축
박영범 | 한성대 경제학과

126 프랑스어의 비분리성 소유개념 표현
노윤채 | 연세대 언어정보연구원

127 지방채의 효율적 관리방안
강태구 | 호원대 법행정학부

128 21세기 산업구조 변화와 과학기술정책
임채성 외 | 그리스도신학대 경영정보학부

129 인터넷 쇼핑몰 이용자의 불평행동
예종석 | 한양대 경영학부

130 한국기업의 성과급제도 현황, 효과 및 개선방안
김성수 | 서울대 경영학과

131 전자상거래와 소비자보호
서민교 외 | 경일대 인터넷국제통상학과

132 평생학습 사회에서의 인적자원개발을 위한 사회적 파트너십 구축
김영화 | 홍익대 교육학과

133 한국 공교육의 새로운 구상과 전략
권대봉 외 | 고려대 교육학과

134 한국의 정부개혁
김태룡 | 상지대 행정학과

135 지방정부 생산성 측정의 이론과 실제
이은국 외 | 연세대 행정학과

136 불가 시문학론
배규범 | 경희대 학술연구 교수

137 남북경제교류의 법적 문제
제성호 | 중앙대 법학과

138 경제위기와 청소년 발달
구인회 | 서울대 사회복지학과

139 생명과학기술의 응용과 기본권보호적 한계
정상기 외 | 한남대 법학과

140 경제발전과 정치환경의 한·일 비교분석
정갑영 외 | 연세대 동서문제연구원

141 한국 공교육의 진단
윤정일 외 | 서울대 교육학과

142 우리나라 지방자치 발전을 위한 자치 단체장의 역할
정성호 외 | 경기대 사회과학부

143 의료보험제도의 개혁방안
권순원 | 덕성여대 경제학과

144 중등 도덕교육의 현실과 문제
손동현 외 | 성균관대 철학과

145 사이버공동체 발전론
이명식 | 상명대 경영학과

146 남북경협 확대에 대비한 북한 담보 제도의 정비방안
박훤일 | 경희대 법과대학

147 한국 공무원 인사제도 개혁
김판석 | 연세대 행정학과

148 교사화법 교육
임칠성 외 | 전남대 국어교육과

149 세계화의 문화정치학
임혁백 외 | 고려대 정치외교학과

150 효과적인 e-SCM을 위한 의사결정 조정 시스템 모형
이원준 | 성균관대 경영학부

151 환경거버넌스
김종순 외 | 건국대 행정학과

152 자동차산업의 인적자원관리
이덕로 | 서원대 경영학부

153 한국과 영국 간 지식기반산업 비교
이명호 | 한국외대 경영학과

154 한국 벤처기업의 기술네트워킹 및 기술마케팅 전략
장영일 | 인제대 경영학부

155 회사변호사의 윤리
오승종 | 성균관대 법과대학

156 미디어교육론
이정춘 | 중앙대 신문방송학과

157 조선시대 서원과 양반
윤희면 | 전남대 역사교육과

158 환경문제와 철학
박찬국 | 서울대 철학과

159 노인보건복지 이론과 실제
김명 외 | 이화여대 보건교육학과

160 북한의 법체계
권재열 외 | 숭실대 법학과

161 생명공학기술의 안전성 확보에 관한 법적 고찰
이재협 | 경희대 법학부

162 청소년복지학
김성이 외 | 이화여대 사회복지학과

163 변화하는 세계, 변화하는 복지국가
조영훈 | 동의대 사회복지학과

164 의리의 윤리와 한국의 유교문화
김낙진 | 진주교대 도덕교육과

165 미국의 통상정책과 통상법
윤충원 | 전북대 무역학과

166 사회복지 프로그램 평가
김학주 | 경상대 사회복지학과

167 환경주의와 지속가능한 발전
정대연 | 제주대 사회학과

168 무역과 환경
김기홍 외 | 경기대 경제학부

169 산업계 유해폐기물의 위험과 관리
김금수 | 호서대 경상학부

170 백범 김구의 지적 계발과정 탐색
문용린 | 서울대 교육학과

171 태평양전쟁 발발 이후 일제의 인적 지배와 그리스도교계의 대응
윤선자 | 전남대 사학과

172 거버넌스 상황에서 갈등관리를 위한 대체적 분쟁해결제도
서순복 | 광주대 법정학부

173 시장경제의 유형과 민주주의
최배근 | 건국대 경상학부

174 일본고전소설 총론
김현정 | 국립한국전통문화학교

175 국어 교육을 위한 국어 문법론
이관규 | 홍익대 국어교육과

176 율곡의 군주론
전세영 | 부산교대 윤리교육과

177 동북아시아 환경협력
정서용 | 명지대 법학과

178 기후변화협약과 기후정책
신의순 외 | 연세대 경제학과

179 인터넷과 국제 학술정보 네트워크-하이퍼링크 분석
박한우 | 영남대 언론정보학과

180 국내 기업복지의 활성화 방안
최수찬 | 연세대 사회복지대학원

181 세계화와 인간안보
김우상 외 | 연세대 정치외교학과

182 세계문화유산 종묘 이야기
지두환 | 국민대 국사학과

183 한국 평생교육의 사회철학적 과제
곽삼근 | 이화여대 교육학과

184 강점모델
정순둘 | 이화여대 사회복지학과

185 글로벌시대의 계약법
박영복 | 한국외대 법과대학

186 배심제와 시민의 사법참여
안경환 | 서울대 법학과

187 동북아공동체
김재한 | 한림대 정치외교학과

188 정치 참여와 탈물질주의
김욱 | 배재대 정치외교학과

189 퍼지전문가회로망을 이용한 금융기관의 사이버 기업여신결정 지원시스템의 개발
권혁대 | 목원대 경영학과

190 환경정책과 환경법
송인성 | 전남대 지역개발학과

191 포스트모던 시대의 평생교육학
한숭희 | 서울대 교육학과

192 현대 한국인의 세대경험과 문화
박길성 외 | 고려대 사회학과

193 서구의 근로연계복지
김종일 | 건국대 사회복지학과

194 사회복지운동론
현외성 | 경남대 사회복지학과

195 외국의 역모기지 사례
유선종 | 건국대 부동산학과

196 옛이야기와 어린이문학
이지호 | 진주교대 국어교육학과

197 노인사회복지관광의 정책과제와 방안
김창수 | 경기대 관광학부

198 복지서비스의 민간위탁 시스템 분석
김순양 | 영남대 행정학부

199 새로운 빈곤층의 대두와 정부의 정책과제
김진욱 | 건국대 경제학과

200 문화행정론
김정수 | 한양대 행정학과

201 스칸디나비아 노인용 코하우징의 계획과 적용
최정신 외 | 가톨릭대 생활과학부

202 북한의 자연생태계
공우석 | 경희대 지리학과

203 통계로 이해하는 러시아
전홍찬 | 부산대 정치외교학과

204 사회복지법인의 경영과 회계
이동규 | 충남대 회계학과

205 의약분업 정책과정
차흥봉 | 한림대 사회복지학과

206 지역공동체와 평생교육
오혁진 | 동의대 평생교육학부

207 아동보호서비스의 실제
한미현 | 백석대 사회복지학부

208 그린마케팅
박재기 | 충남대 경영학부

209 아동권리와 아동복지
이혜원 | 성공회대 사회복지학과

210 국제 이주와 인도인 디아스포라
김경학 | 전남대 인류학과

211 질병과 의료의 사회학
조병희 | 서울대 보건대학원

212 북한이탈주민의 사회통합을 위한 지역복지실천의 모색
이기영 | 부산대 사회복지학과

213 치매노인케어론
조유향 | 초당대 간호학과

214 노인상담입문
서혜경 외 | 한림대 대학원 사회복지학과

215 '통일 이후 통일과정'으로서의 독일 통일영화
이준서 | 이화여대 독어독문학과

216 중국의 사회보장
오정수 | 충남대 사회복지학과

217 환경자원의 경제적 가치와 환경오염의 사회적 비용
김재홍 | 울산대 사회과학부

218 사회복지프로그램의 경제적 평가방법
박창제 외 | 상주대 사회복지학과

219 자유의지와 결정론
안건훈 | 강원대 철학과

220 심리학자들이 쓴 행복한 결혼의 심리학
채규만 외 | 성신여대 심리학과

221 현대 해석학 강의
양해림 | 충남대 철학과

222 한국인의 주거 빈곤과 공공주택
하성규 | 중앙대 도시 및 지역계획학과

223 IMF 경제위기와 한국 출산력의 변화
김두섭 | 한양대 사회학과

224 동아시아의 영토분쟁과 국제법
이석우 | 인하대 법학부

225 독일 복지국가와 사회복지서비스
정재훈 | 서울여대 사회사업학과

226 사회복지사를 위한 실용 비모수통계
엄명용 | 성균관대 사회복지학과

227 피해자학 연구
이윤호 | 동국대 경찰행정학과

228 광고언어창작론
박영준 외 | 부경대 국어국문학과

229 환경규제 패러다임의 전환
한철 | 한남대 법학과

230 고령사회의 노동환경변화와 고용시스템의 문제점 및 법적 대응
고준기 | 국립군산대 법학과

231 세계화와 소득불평등
이성균 외 | 울산대 사회과학부

232 유비쿼터스 사회의 이해
안중호 외 | 서울대 경영학과

233 국제환경책임법론
박병도 | 건국대 법학과

234 한국의 선거와 민주주의
윤종빈 | 명지대 정치외교학과

235 한국 시민운동의 구조와 동학
조대엽 외 | 고려대 사회학과

236 또래관계
송영혜 | 대구대 재활심리학과

237 해외 한국기업과 현지인 노동자
석현호 외 | 에스콰이아학술문화재단

238 독일 국가복지에서 민간복지단체의 역할과 의미
차성환 외 | 한일장신대 사회복지학부

239 청정공학
조정호 | 동양대 생명화학공학과

240 한국전통연희론
심상교 | 부산교육대 국어교육학과

241 정신장애와 가족
서미경 | 경상대 사회복지학부

242 빈곤통계의 작성과 활용
김주환 | 동국대 정보통계학과

243 인터넷과 한국정치
강원택 | 숭실대 정치외교학과

244 북한의 시장경제이행
정영화 외 | 서경대 법학과

245 시스템사고로 본 지속가능한 도시
문태훈 | 중앙대 도시및지역계획학과

246 실버산업과 유비쿼터스 컴퓨팅
고일상 | 전남대 경영학부

247 재활상담과 사례관리
나운환 | 대구대 직업재활학과

248 영유아교육기관에서의 장애 이해 교육
유수옥 | 우석대 유아특수교육과

249 장애의 사회적 의미와 사회통합
박수경 | 대진대 사회복지학과

250 경제분석의 수리적 기초
조인성 | 공주대 경제통상학부

251 비영리부문의 비교연구
김승현 | 서울산업대 행정학과

252 고등교육경제학
반상진 | 전북대 교육학과

253 과학윤리교육의 이론과 방법
조희형 | 강원대 과학교육학부

254 결혼이민자가족의 이해
김오남 | 대불대 사회복지학과

255 동아시아 국가의 공공부조
신동면 | 경희대 사회과학부

256 특수아동 진단 및 평가
이나미 | 대불대 특수교육과

257 계약형 사회복지와 권리옹호시스템
이명현 | 경북대 상주캠퍼스 사회복지학과

258 실내공기질 및 위해성 관리
양원호 | 대구가톨릭대 산업보건학과

259 충남 방언 문법
한영목 | 충남대 국어국문학과

260 교육권론
노기호 | 군산대 법학과

261 도시경관계획론
임승빈 | 서울대 조경 · 지역시스템공학부

262 교통의 새로운 패러다임
김형철 | 경원대 도시계획 · 조경학부

263 노인의 삶의 질 향상을 위한 주거환경디자인
천진희 | 상명대 디자인대학 실내디자인전공

264 사회복지와 문화
박병현 | 부산대 사회복지학과

265 장애인복지의 이론과 실제
이선우 | 인제대 사회복지학과

266 창의성 개발을 위한 디자인교육 콘텐츠
김선영 | 인천가톨릭대 조형예술대학 환경디자인학과

267 구성주의 사회복지 실천 기술론
고미영 | 서울신학대 사회복지학과

268 장애아교육학
김기흥 | 부산교육대 유아교육과

269 지역사회복지와 자원부문
한상진 외 | 울산대 사회학과

270 환경관리회계
육근효 | 부산외국어대 회계학부

271 인권 관점에서 보는 장애인복지
유동철 | 동의대 사회복지학과

272 정신증상
송지영 | 경희대 의과대학병원 신경정신과

273 사이버공간의 사회심리학
이성식 외 | 숭실대 정보사회학과

274 노인에 대한 사회적 돌봄과 돌봄 서비스의 질 보장
최희경 | 신라대 가족노인복지학과

275 아동 심리치료의 실제
신현균 | 전남대 심리학과

276 사회복지와 위험관리
노충래 | 이화여대 사회복지전문대학원

277 국제 탄소시장의 이해
양승룡 | 고려대 식품자원경제학과

278 타자의 초상
신문수 | 서울대 영어교육과

279 한국정치와 환경정치
나정원 | 강원대 정치외교학과

280 북한이주민
윤인진 | 고려대 사회학과

328 한국사회의 소득불평등과 국민 의료이용
이용재 | 호서대 사회복지학과

329 정보시대의 인간안보
조화순 | 연세대 정치외교학과

330 가족의 사회경제적 특성과 아동발달
김광혁 | 전주대 사회복지학과

331 초·중·고등학생의 학업소진 진행과정 및 경로분석
이상민 | 고려대 교육학과

332 다문화사회의 사법통역
이지은 | 이화여대 통역번역대학원

333 동아시아 지역주의
유현석 | 경희대 정치외교학과

334 환경친화적 공공시설관리와 지역공동체의 삶의 질
이소영 | 중앙대 실내디자인·주거환경학과

335 의료보험의 법정책
김나경 | 성신여대 법과대학

336 양극화 시대 가족해체와 청소년의 적응에 관한 한국과 미국의 비교 연구
오승환 외 | 울산대 사회복지학과

337 기업의 사회적 책임과 지역경제사회발전 연구
허영도 외 | 울산대 경영학부

338 노인의 삶의 질 향상을 위한 온라인 소셜 네트워크 구축 방안
김진우 | 연세대 경영학과

339 청소년 생활역량
윤명희 외 | 동의대 평생교육학과

340 외국인 배우자의 다양성과 국제결혼의 안정성
김두섭 | 한양대 사회학과

341 정보인권의 규범구체화
이민영 | 가톨릭대 법학과

342 한국 사회복지실천의 고유성
최성재 외 | 서울대 사회복지학과

343 스웨덴의 환경책임 실천모형
최희경 | 경북대 행정학부

344 자율운동과 주거공동체
윤수종 | 전남대 사회학과

345 한국인의 공공봉사동기
김상묵 | 서울과학기술대 행정학과

346 한국 이혼가정 아동의 성장
김혜숙 | 경인교육대 교육학과

347 동양 사상과 노인 복지
홍승표 외 | 계명대 사회학과

348 노동과 사회보장의 연계
오문완 | 울산대 법학과

349 학습장애 위험군 아동의 조기선별을 위한 읽기검사 표준화 연구
김애화 외 | 단국대 특수교육학과

350 신·재생에너지에 기초한 녹색성장과 사회통합
김인호 | 이화여대 법학전문대학원

351 문화교류역량과 다문화 경영이 기업 경영성과에 미치는 영향
임병학 외 | 부산외대 경영학부

352 빈곤영유아의 발달과 적응
정익중 외 | 이화여대 사회복지학과

353 민사법질서와 인권
양천수 | 영남대 법학전문대학원

354 성년후견제도와 사회복지제도의 연계
신권철 | 서울시립대 법학전문대학원

355 한국 다문화사회의 이방인
김순양 | 영남대 행정학과

356 현대 시민사회와 소비자계약법
이병준 | 한국외대 법학전문대학원

357 개인의 사회적 정보보호를 위한 공공 정보서비스 개선 연구
장항배 | 상명대 경영학과

358 여성교육투자에 대한 교육경제학적 탐색
백일우 외 | 연세대 교육학부

359 사회적 기업과 지속가능한 지역발전
임업 외 | 연세대 도시공학과

360 다문화가정 구성원에 대한 투트랙 한국어 교육방안 연구
박시균 | 군산대 국어국문학과

361 아시아의 빈곤과 한국기업의 역할
한인수 | 충남대 경영학부

362 유치원·초등학교 연계 환경교육
박희숙 | 공주대 유아교육학과

363 비정규 고용과 사회정책
구인회 외 | 서울대 사회복지학과

364 사생활의 자유에 관한 비교법적 연구
이창현 | 서강대 법학전문대학원

365 다중융합 환경 기반의 미디어스킨을 활용한 문화콘텐츠 디자인 적용방안에 관한 연구
오문석 외 | 광운대 미디어영상학부

366 북한이탈주민 여성의 성인식 관련 기초조사
한인영 외 | 이화여대 사회복지학과

367 노인주택 파노라마
유선종 | 건국대 부동산학과

368 시설보호 청년의 적응
정선욱 | 덕성여대 사회복지학과

369 다수 집단과 소수 집단의 심리
김혜숙 | 아주대 심리학과

370 바이오 휴머니티
권택영 | 경희대 영어학부

371 프랑스 다문화교육의 이해
이경수 | 상명대 불어교육과

아 | 산 | 재 | 단 | 연 | 구 | 보 | 고 | 서

1 한국인의 도덕성 연구
배해수 | 고려대 국문학과

2 산업화와 청소년 진로
이원호 | 울산대 교육학과

3 공동체의식과 시민운동
김영섭 | 한양대 행정학과

4 한국청년의 삶의 의미 충족도와 만족적 태도
안정수 | 경희대 철학과

5 중국조선족의 사회발전과 한·중관계의 위상
손장권 | 고려대 사회학과

6 해송림 "솔껍질깍지벌레"의 천적 및 주요 종의 생태
김규진 | 전남대 농생물학과

7 사회정의와 실천윤리
박종대 | 서강대 철학과

8 동구개혁의 영향
김달중 | 연세대 정치외교학과

9 한국청소년의 의식세계
김문조 | 고려대 사회학과

10 고강도 철근 콘크리트 구조의 실용화
정헌수 | 중앙대 건축학과

11 신기술의 연관형태 및 출현예측의 구조모형
권철신 | 성균관대 산업공학과

12 민간기업의 연구개발을 위한 조세정책
권영훈 | 한양대 경제학부

13 기술개발 활성화방안
송승구 | 울산대 화학공학부

14 부패의 현상과 진단
이문조 | 영남대 정치외교학부

15 연구투자의 지역적 편중화와 부산지역의 기초과학연구 활성화방안
윤웅찬 | 부산대 화학과

16 GATT의 신구 덤핑방지협정과 그 대응방안
전창원 | 동국대 무역학과

17 한국사회의 도덕성 제고를 위한 진단과 처방
황경식 | 서울대 철학과

18 새로운 노사관계 방향
이진규 외 | 고려대 경영학과

19 21세기 동북아 정세예측과 한국의 전략적 대응방안
최평길 외 | 연세대 행정학과

20 소련의 한국에 대한 정책목표분석
신승권 | 한양대 정치외교학과

21 메모리 커패시터용 $Pb(Zr_xTi_{1-x})O_3$ 강유전체 박막의 제작과 특성
장지근 외 | 단국대 전자공학과

22 러시아 국제법학의 전통
김용구 | 서울대 외교학과

23 유럽연합의 현황과 전망
김동현 외 | 성균관대 행정학과

24 중국의 정치동원
송영우 외 | 건국대 정치외교학과

25 산업적 활용을 위한 이동로보트 시스템의 개발
박민용 외 | 연세대 전자공학과

26 중국조선족의 정치사회화과정과 동화적 국민통합의 방향
전인영 외 | 이화여대 사회생활학과

27 공적부조의 이론과 실제
최일섭 외 | 서울대 사회복지학과

28 대외통상환경의 변화와 법제개편
서헌제 | 중앙대 법학과

29 기업금융의 국제화
최생림 | 한양대 경영학부

30 자동차부품공업의 노사관계
김호진 외 | 고려대 행정학과

31 산업화 과정에서의 한국가족의 실태와 전망
정창수 외 | 성균관대 사회학과

32 공무원 가치관 실태와 정립방안
배병룡 외 | 경상대 행정학과

33 해외귀국청소년의 국내적응연구
이장영 | 국민대 사회학과

34 초고속정보통신망에서 LAN서비스 제공방안
이재용 | 연세대 전자공학과

35 WTO체제의 정책적 대응
김병진 외 | 경희대 행정학과

36 유럽의 통합정치
최수경 외 | 충남대 정치외교학과

81 고령자를 위한 쾌적한 실내온도와 착의량의 설정
정운선 | 안동대 의류학과

82 지역문화 이벤트 PR
박종민 | 경희대 언론정보학부

83 인터넷 지역정보화의 실태와 전략
유평준 외 | 연세대 행정학과

84 여성 삶의 질 향상을 위한 사회교육 활성화 방안
김양희 | 중앙대 가족복지학과

85 벤처기업과 벤처금융
강대석 외 | 충남대 무역학과

86 구조조정기에 있어서 실업대책과 사회안전망 구축
박천익 | 대구대 경제학과

87 한국 유아의 조기교육
이명조 외 | 한국외대 교육대학원

88 남북한 경제공동체 형성전략
이상만 | 중앙대 경제학과

89 지방자치회계의 투명성과 주민의 알 권리
권찬태 외 | 경북대 경영학부

90 정치지도자의 정책리더십
이해영 | 경일대 행정학과

91 경제위기와 한국인의 복지의식
신광영 외 | 중앙대 사회학과

92 북한의 노동
김강식 | 한국항공대 경영학과

93 우리나라 중소기업의 정보기술 활용 현황과 경쟁력 강화를 위한 제안
정승호 | 부산외대 정보시스템학과

94 인간배아복제의 법적 · 윤리적 문제점과 그 해결방안
최병규 | 한경대 법학부

95 가치변화에 따른 투표행태
조찬래 외 | 충남대 정치외교학과

96 인터넷 경매에서의 계약체결과 소비자 보호
이기수 외 | 고려대 법과대학

97 세계화시대 남북한 통합의 방향과 과제
윤민재 | 서울대 사회발전연구소

98 글로벌 시대 지방정부의 문화마케팅 전략
박흥식 | 중앙대 행정학과

99 대졸여성실업의 실태분석 및 대학-노동 시장 간 효율적 연계방안
이은우 외 | 울산대 사회과학부

100 그린 투어리즘의 분석
이응진 | 대구대 관광학부

101 지방자치단체장의 부정부패
오일환 | 한양대 아태지역연구센터

102 산업화가 유교체제하 중국여성의 지위에 미친 영향
천성림 | 배재대 사회과학연구소

103 움직이는 말하기
유혜숙 외 | 나사렛대 교양학부

104 장애학생을 위한 특수교육공학의 활용
김용욱 | 대구대 중등특수교육과

105 지식기반사회의 평생교육 이해와 평생교육 프로그램 개발
박성열 | 건국대 교육공학과

106 N세대의 미술교육
김동철 | 대구교육대 미술교육학과

107 노후계획과 투자
권택호 | 여수대 국제통상학과

108 영화산업
양영철 | 경성대 연극영화학부

109 동유럽의 변혁과 언론의 역활
정대수 | 경남대 정치언론학부

110 환율, 임금, 물가가 국제경쟁력 및 수출입산업에 미치는 영향
하인봉 | 경북대 경제통상학부

111 일본기업의 기술혁신 전략
위정현 | 중앙대 상경학부

112 노후보장정책과 역저당연금제도
조덕호 외 | 대구대 행정학과

113 유비쿼터스 라이프와 미래 사회
김석수 | 한남대 멀티미디어공학과

114 죽음과 관련된 생명윤리적 문제들
구인회 | 가톨릭의과대 인문사회과학교실

115 경제적 세계화와 빈곤문제, 그리고 국가
김준현 | 한일장신대 인문사회과학부

116 한국의 세계불교유산
김종명 | 한국학중앙연구원 한국학대학원

117 복지레저서비스론
고태규 | 한림대 국제학부

118 자생적 철학체계로서 인간중심철학
선우현 | 청주교대 윤리교육과

119 전략적 통합과 한반도 평화체제
김승채 | 고려대 정책대학원

120 환경사법론
전경운 | 경희대 법학부

121 인터넷 자료를 통해 본 한국의 이혼 문화와 사회복지
성정현 외 | 협성대 사회복지학과

122 유럽연합의 사회정책에 관한 연구
문진영 | 서강대 신학대학원 사회복지학과

123 여성건강의 통합적 관점
김혜원 | 관동대 간호학과

124 복잡계 네트워크 과학
강병남 | 서울대 물리천문학부

125 경제적인 3세대 전원주택 개발
박근준 | 호서대 건축공학과

126 사회복지와 인적자원개발
이상일 | 인제대 국제경상학부